W0223507

DENNIS GANDASOEBRATA

HAAL MEER UIT JE TABLET

Voor Apple en Android

met aandacht voor Windows

Consumentenbond

FSC www.fsc.org
MIX
Papier van verantwoorde herkomst
FSC® C004472

1e druk, augustus 2013

Copyright 2013 © Consumentenbond, Den Haag
Auteursrechten op tekst, tabellen en illustraties voorbehouden
Inlichtingen Consumentenbond

Auteur: Dennis Gandasoebrata
Verder werkte mee: Yvo Verschoor (Consumentenbond)
Eindredactie: Vantilt Producties, Nijmegen
Grafische verzorging: PUUR Publishers/Nanette van Mourik, Ray Heinsius
Foto's: iStock, **foto auteur:** Bart Winter

ISBN 978 90 5951 2351
NUR 987

Behoudens uitzonderingen door de wet gesteld, mag zonder schriftelijke toestemming van de rechthebbende op het auteursrecht c.q. de uitgever van deze uitgave, door de rechthebbende(n) gemachtigd namens hem op te treden, niets uit deze uitgave worden verveelvoudigd en/of openbaar gemaakt door middel van druk, fotokopie, microfilm of anderszins, hetgeen ook van toepassing is op de gehele of gedeeltelijke bewerking.
De uitgever is met uitsluiting van ieder ander gerechtigd de door derden verschuldigde vergoedingen voor kopiëren, als bedoeld in artikel 17 lid 2, Auteurswet 1912 en in het KB van 20 juni 1974 (Stb. 351) ex artikel 16B Auteurswet 1912, te innen en/of daartoe in en buiten rechte op te treden.
Hoewel de gegevens in dit boek met grote zorgvuldigheid zijn bijeengebracht, aanvaardt de uitgever geen aansprakelijkheid voor eventuele (zet)fouten of onvolledigheden.
De uitgever heeft ernaar gestreefd de rechten van derden zo goed mogelijk te regelen; degenen die desondanks menen zekere rechten te kunnen doen gelden, kunnen zich tot de uitgever wenden.

INHOUD

INLEIDING

Tablets zijn de laatste jaren snel populair geworden

Heeft u besloten om een tablet aan te schaffen? U bent niet de enige! Alleen in 2013 al zullen er naar verwachting wereldwijd ruim 197 miljoen stuks worden verkocht. Tablets worden steeds populairder en dat is niet zo vreemd. Vergeleken met laptops en pc's zijn tablets aantrekkelijk geprijsd en in een groot aantal uitvoeringen en formaten verkrijgbaar. De opkomst van onlinediensten zorgt ervoor dat u met uw tablet altijd toegang heeft tot uw favoriete foto's, muziek en andere bestanden. En uiteraard: apps. Je kunt het zo gek niet bedenken, of er is wel een app voor beschikbaar.

De medaille heeft ook een keerzijde: door het grote aanbod dreigt u wellicht het overzicht te verliezen. En dat is precies waar dit boek u bij helpt. In de eerste twee hoofdstukken helpen we u bij het maken van de juiste aankoopbeslissing. In de daaropvolgende hoofdstukken helpen we u de tablet in gebruik te nemen. We bespreken de handigste functies, laten zien hoe u uw e-mail en agenda in kunt stellen, hoe u de tablet kunt gebruiken voor het afspelen van muziek en films en we geven tips over onmisbare apps.

Ook uw onlineprivacy komt aan bod. De tablet bevat veel persoonlijke gegevens, het is van belang dat u die tegen diefstal of misbruik door derden beschermt. Tot slot bespreken we hoe u zo veel mogelijk uit uw tablet kunt halen. Tips over gegevensverbruik en hoe u de accuduur kunt verlengen.

Dit boek staat vol met tips en stappenplannen. Daarbij verwijzen we regelmatig naar filmpjes op onze website. Als een stappenplan is voorzien van een video-icoon, kunt u op www.consumentenbond.nl/tablets-videos terecht voor een instructiefilmpje.

Tot slot: de wereld van tablets en apps is volop in beweging. Er verschijnen continu nieuwe tablets en besturingssystemen worden bijgewerkt. Mogelijk werken bepaalde tips en instructies op een net iets andere manier.

Geschikt voor

In de eerste twee hoofdstukken van dit boek kijken we naar de drie belangrijkste besturingssystemen voor tablets op dit moment: iOS van Apple, Android van Google en Windows 8 van Microsoft. In het tweede gedeelte van dit boek – waarin we ingaan op het praktische gebruik van uw tablet – richten we ons op de twee grootste: iOS en Android.

Dennis Gandasoebrata is auteur en ondernemer, maar vooral kritisch gebruiker van de nieuwste technologische hoogstandjes. Zijn ervaringen verwerkt hij op eigen wijze in diverse publicaties. Van zijn hand verschijnen regelmatig artikelen in de *Digitaalgids* van de Consumentenbond.

1

KENNISMAKEN MET DE TABLET

Tablets: u kunt er niet meer omheen. Maar wat is een tablet eigenlijk, voor welke taken gebruikt u hem en in hoeverre verschilt hij van een laptop of andere computer?

De tablet heeft de manier waarop we apparaten bedienen veranderd

Tot een paar jaar geleden was de keuze bij een nieuwe computer vrij overzichtelijk: u koos voor een desktop- of voor een draagbare computer, een laptop. Enige tijd zijn netbooks (lichte computers, waarbij de mobiliteit voorop stond) erg populair geweest.
Sinds een paar jaar is er een nieuwe optie: de tablet. Gemakkelijk te dragen, snelle toegang tot uw gegevens, direct gebruiksklaar als u hem inschakelt en eindeloos uit te breiden met talloze apps.
De tablet heeft de manier waarop we apparaten bedienen veranderd. Aanvankelijk werden tablets soms met een pen (stylus) bediend, inmiddels reageren ze allemaal op vingeraanraking en herkennen ze zelfs aanraking met meerdere vingers (multitouch). Er is een aantal tablets dat met een stylus werkt, maar het grootste deel van de tablets wordt met de hand bediend.
Een tablet is eenvoudig te herkennen aan formaat en gewicht. De gemiddelde tablet is 20 bij 30 centimeter groot en niet dikker dan een centimeter. En meestal weegt hij niet meer dan 500 gram tot een kilo.

Verzekering

Denk eraan dat u uw aankoop voldoende verzekert tegen diefstal. De tablet behoort tot uw inboedelverzekering, maar is buitenshuis niet altijd automatisch meeverzekerd. Informeer bij uw verzekeraar hoe u uw tablet het best kunt verzekeren.

1.1 Wat kunt u met een tablet doen?

Niet onbelangrijk: waar kunt u een tablet allemaal voor gebruiken? Wat dacht u van:

- surfen op internet;
- boeken en tijdschriften lezen;
- informatie opzoeken;
- foto's en video's bekijken;
- muziek afspelen;
- films streamen;
- e-mail afhandelen;
- videobellen;
- gamen.

Ook serieuzere taken, zoals het voeren van de administratie of het maken van een presentatie, kunt u uitvoeren met een tablet. Als u veeleisender bent, zijn er verschillende accessoires te koop. Bijvoorbeeld een extern toetsenbord – praktisch als u veel typt en liever niet afhankelijk bent van het schermtoetsenbord.

1.2 Tablet, smartphone of laptop?

Onderzoeksbureau Gartner bestudeerde in april 2013 de wereldwijde verkopen van elektronische apparaten. Uit de verkoopcijfers bleek een duidelijke verschuiving van pc's naar tablets en de verwachting is dat er in heel 2013 197 miljoen tablets zullen worden verkocht. Een stijging van ruim 70% ten opzichte van 2012. In tabel 1 zijn de verkoopcijfers van 2012 en de voorspellingen van Gartner weergegeven. De populariteit van tablets groeit dus flink. Gartner geeft daarvoor uiteenlopende redenen:

- lage prijzen vergeleken met pc's;
- de diversiteit aan formaten;
- de opkomst van de *cloud*, waarbij alle gegevens online staan en dus altijd en vanaf verschillende apparaten beschikbaar zijn;
- de toenemende afhankelijkheid van apps.

TABEL 1 (VERWACHTE) VERKOOPCIJFERS VAN COMPUTERS, TABLETS EN SMARTPHONES*

Apparaat	2012	2013	2014	2017
Computer (desktop of laptop)	341	315	302	272
Tablet	116	197	266	468
Smartphone	1746	1876	1950	2129
Totaal	2203	2388	2518	2869

*in miljoenen exemplaren

Als u een nieuw apparaat wilt kopen, kan het lastig zijn te kiezen tussen laptop, tablet en smartphone. Laptops en smartphones zijn immers ook krachtige apparaten voor zowel ontspanning als serieuze taken. Op technisch gebied bestaan er grote verschillen tussen de drie typen apparaten. De belangrijkste kenmerken vindt u in figuur 1.

FIGUUR 1 TECHNISCHE KENMERKEN LAPTOP, TABLET EN SMARTPHONE

Ook wat betreft gebruikskenmerken zijn er de nodige verschillen. In tabel 2 hebben we de belangrijkste op een rijtje gezet.

TABEL 2 VERGELIJKINGSTABEL LAPTOP, TABLET EN SMARTPHONE

	Pluspunten	Minpunten	Typische gebruikskenmerken
Laptop	Volwaardig toetsenbord	Niet altijd online	Voor zowel privé- als zakelijk gebruik
	Grote opslagcapaciteit	Minder handzaam dan tablet en smartphone	Geschikt voor opslag van grote bestanden
	Uitbreidbaar geheugen	Kan traag zijn met opstarten	Geschikt voor langdurig gebruik (op netstroom)
		Beperkte accuduur	
Tablet	Eenvoudig in gebruik	Volwaardig toetsenbord ontbreekt, typen op touchscreen is minder prettig	Leent zich goed voor entertainment
	Draagbaar	Geheugen niet altijd uitbreidbaar	Laagdrempelig in het gebruik
	Uit te breiden met apps	Niet altijd online	Prettig om vlot informatie mee op te zoeken
	Snel in te schakelen		
	Lange accuduur		
Smartphone	Uit te breiden met apps	Compact scherm minder geschikt voor intensief werk	Ideaal voor snelle taken en entertainment onderweg
	Eenvoudig in gebruik	Volwaardig toetsenbord ontbreekt	Multifunctioneel
	Snel in te schakelen	Beperkte kantoorfunctionaliteit	
	Handzaam formaat		
	Uitgebreide communicatiemogelijkheden		
	Altijd bereikbaar dankzij 3G en 4G		

1.2a Tussenvormen

Het eerste model iPad van Apple, de eerste goedverkochte tablet, had een scherm van 10 inch. Sindsdien zijn er ook tablets op de markt gebracht met een kleiner scherm. Vooral tablets met een scherm van 7 inch winnen snel aan populariteit. Dit formaat leent zich goed voor gebruikers die een smartphone te klein vinden, maar een tablet van 10 inch te zwaar of te groot. Ook de prijs kan meespelen: een tablet met een scherm van 7 of 8 inch is doorgaans goedkoper dan de variant met een scherm van 10 inch.

1.2b Hybride tablets?

Een recente ontwikkeling is de opkomst van hybride tablets. Deze hebben een vast toetsenbord, waardoor ze als laptop gebruikt kunnen worden. Het toetsenbord kan ook losgekoppeld worden, zodat het apparaat een volwaardige tablet wordt. De hybride tablet is vooral interessant voor gebruikers die regelmatig lange teksten typen en niet afhankelijk willen zijn van het schermtoetsenbord. Deze tablets hebben vaak ook een standaard, waardoor het scherm rechtop kan blijven staan.

1.3 Verschillende platformen

Het apparaat zelf (de hardware) en de programma's die erop draaien (de software, zoals het besturingssysteem en de applicaties) bepalen de functionaliteit van de tablet. De combinatie van hard- en software wordt ook wel het platform genoemd. Op dit moment zijn er drie belangrijke platformen voor tablets:

1. iOS (Apple);
2. Android;
3. Windows.

Deze platformen zullen we nu bespreken. Met behulp van de overzichtstabel in par. 2.1 kunt u de verschillende platformen eenvoudig met elkaar vergelijken.

1.3a iOS

Hoewel tablets al langer bestaan, heeft de introductie van de iPad in 2010 voor écht succes van de tablet gezorgd. De iPad draait op iOS (spreek uit: 'ai oo es'), het mobiele besturingssysteem van Apple dat in 2007 werd gelanceerd. Anders dan Android en Windows, werkt iOS alleen op apparaten van Apple.
De mogelijkheden wat betreft het beheer van de iPad zijn beperkt. Zo kunt u bijvoorbeeld niet door de inhoud van de iPad bladeren en de individuele bestanden op uw tablet zien. Apple wil zo veel mogelijk componenten afschermen en zo de gebruiksvriendelijkheid, veiligheid en kwaliteit van het platform waarborgen.

Updates

Apple brengt jaarlijks updates uit voor iOS, waardoor het besturingssysteem bij de tijd blijft. De nieuwe versie wordt relatief lang ondersteund door oude apparaten, zodat u geen nieuw apparaat aan hoeft te schaffen na een update. U kunt er natuurlijk voor kiezen uw systeem niet te updaten, maar het kan zijn dat nieuwere versies van apps de oudere versie van iOS niet meer ondersteunen. De toekomstige update, iOS 7, heeft een grote uiterlijke verandering ondergaan. Belangrijke veranderingen zijn het gebruik van transparante vensters, die laten zien wat er op de achtergrond gebeurt, de typografie en de lichte gebruiksomgeving. In het najaar van 2013 wordt iOS 7 uitgebracht. Meer informatie over het updaten van uw iOS-tablet vindt u in par. 4.1e.

Het uiterlijk van iOS 7

Apps

Het iOS-platform wordt gekenmerkt door de grote hoeveelheid apps, die wordt aangeboden via Apple's App Store. Apple hanteert strikte regels bij het toelaten van apps in de App Store. Bovendien zijn ontwikkelaars verplicht een deel van de behaalde omzet met Apple te delen. Het strenge toezicht zorgt ervoor dat je niet zo snel virussen of schadelijke software (malware) via apps binnenhaalt.
Het iOS-platform is bijzonder populair bij gebruikers en app-ontwikkelaars. Eind 2012 bevatte de App Store meer dan 700.000 apps, die gezamenlijk meer dan 30 miljard keer gedownload zijn. De store bevat betaalde en gratis apps. In de App Store kunt u betalen met een creditcard of met een iTunes-cadeaukaart. Deze kaart bevat een bepaald tegoed, dat u kunt toevoegen aan uw account (informatie over het downloaden van apps vindt u in par. 3.2f en 3.2g; leuke en handige apps in par. 9.3).

Samenwerken

Apple heeft veel tijd gestoken in het vormen van een 'ecosysteem'. Alle Apple-apparaten zijn op elkaar afgestemd en kunnen zonder veel gedoe met elkaar samenwerken. Het enige wat u moet doen, is iTunes installeren. U kunt dus uw iPhone eenvoudig verbinden met uw iPad, of uw iPad met uw MacBook (laptop). Ook andere toepassingen, zoals Apple TV en Apple Airport Express, passen binnen dit systeem.

Meer vrijheid na jailbreak

Geen zin in de belemmeringen op het iOS-platform? Met een jailbreak stript u een deel van de beschermingslagen en bent u niet meer gebonden aan de verplichtingen die Apple stelt. Zo kunt u ook software installeren buiten de appstores om. Jailbreaken is niet strafbaar, maar de ondersteuning van de fabrikant kan komen te vervallen. Op internet zijn talloze handleidingen beschikbaar voor het jailbreaken. U moet er wel rekening mee houden dat uw apparaat kwetsbaarder en makkelijker toegankelijk wordt voor kwalijke programma's. U kunt een jailbreak – zolang de tablet functioneert – altijd ongedaan maken.

Tip

Meer weten

Op de website van Apple (www.apple.com/nl/ios) vindt u meer informatie over iOS.

1.3b Android

Android is het besturingssysteem van Google, dat werkt op tablets en smartphones van verschillende merken. De mogelijkheden en instellingen van Android zijn eindeloos, maar de standaardinstellingen van de apparaten voldoen voor gemiddeld gebruik. Dat er zoveel mogelijk is, maakt het vinden van de juiste instelling soms lastig.

Volgens marktonderzoeker IDC heeft Android in het eerste kwartaal van 2013 27,8 miljoen tablets verkocht. Het besturingssysteem lijkt hiermee flink terrein te winnen ten opzichte van iOS. Apple verkocht in dezelfde periode 19,5 miljoen tablets.

Een Samsung-tablet met Android

Apps

Apps die draaien op Android kunt u kopen in de Google Play Store. Google is een stuk minder streng wat betreft de toegang tot haar appstore dan Apple. De apps worden door een automatisch systeem gecontroleerd. Dat systeem is helaas niet waterdicht en u loopt een iets groter risico op het binnenhalen van malware via de Google Play Store dan via Apple's App Store of de Windows Store. Zodra bekend wordt dat een app malware bevat, kan Google hem altijd terugtrekken.

Anders dan bij iOS en Windows 8 kunt u met een Android-toestel ook apps buiten de eigen appstore om downloaden. Een nadeel hiervan is dat daarmee de kans op malware of een virus groter wordt. Verreweg de meeste malware voor Android wordt verspreid via andere kanalen dan de Google Play Store.

In de Google Play Store kunt u alleen betalen met een creditcard. Er zijn geen cadeaukaarten voor beschikbaar. Meer informatie over het downloaden van apps vindt u in par. 3.3f en 3.3g; tips voor leuke en handige apps vindt u in par. 9.3.

Updates

Van Android verschijnen regelmatig nieuwe versies. De updates worden door Google telkens aangeduid met de naam van een lekkernij, zoals Gingerbread, Honeycomb en Jelly Bean. Sinds Android 4.0 (Ice Cream Sandwich) is het systeem geoptimaliseerd voor zowel tablet als smartphone. Eerdere versies werkten vaak alleen op de smartphone of alleen op de tablet. We richten ons in dit boek alleen op versies van Android 4.0 of hoger (Ice Cream Sandwich of Jelly Bean).

Als er een update beschikbaar is, verschijnt er automatisch een bericht op uw toestel. De snelheid waarmee de updates worden doorgevoerd is afhankelijk van de ontwikkelaar van uw apparaat. Heeft u bijvoorbeeld een Samsung-tablet? Dan bepaalt Samsung – en niet Google – of en wanneer een update wordt uitgevoerd (meer informatie over het updaten van uw Android-tablet vindt u in par. 4.2d).

> **Welke Android-versie?**
> Benieuwd op welke versie van Android uw tablet draait? Ga naar *Instellingen* en kies voor *Toestel-info*. Onder 'Android-versie' ziet u om welke versie het gaat.

Verschillende apparaten

Het Android-platform kenmerkt zich door flexibiliteit. Het draait niet alleen op tablets van verschillende merken (onder andere: Samsung, HTC en LG), fabrikanten kunnen het systeem ook naar eigen wens aanpassen. Er zijn tablets die de volledige versie van Android gebruiken, maar het besturingssysteem kan ook ingrijpend zijn veranderd. De fabrikant kan bijvoorbeeld een heel eigen gebruikersomgeving toevoegen of juist bepaalde elementen weglaten.
Het gebruik van eigen toevoegingen kan het updateproces van de tablet vertragen. Als er een nieuwe versie van Android beschikbaar is, moet de fabrikant eerst zijn eigen laag bijwerken. Pas daarna kan de update door het toestel worden uitgevoerd.

> **Altijd bij de tijd**
> Heeft u geen behoefte aan de extra's die fabrikanten toevoegen aan Android? Kies dan voor een tablet die Google zelf laat uitbrengen. Google geeft fabrikanten beurtelings de kans een tablet uit te brengen met een Android-versie zonder extra's. De tablet loopt daardoor altijd voor op andere Android-tablets. Tot nu toe hebben deze tablets steeds 'Nexus' in de naam, bijvoorbeeld de Asus Nexus 7.

Niet-gecertificeerd

Niet alle Android-tablets zijn gecertificeerd door Google. Als een tablet gecertificeerd is, voldoet hij aan een aantal kwaliteitseisen. U kunt zelf eenvoudig achterhalen of uw tablet gecertificeerd is. Hij is dan voorzien van Google-

apps, waaronder de Google Play Store, Gmail en Google Maps.
Vooral erg scherp geprijsde tablets met Android zijn vaak niet gecertificeerd. Zulke tablets maken vaak gebruik van inferieure componenten en zijn instabiel of traag, waardoor de kwaliteit erg tegenvalt. Denk hier goed over na voordat u een goedkope tablet koopt.
Dat de Google Play Store niet op de tablet staat, betekent niet automatisch dat hij niet gecertificeerd is. Sommige fabrikanten plaatsen de appstore niet, om hun eigen appstore aandacht te geven. Een voorbeeld hiervan zijn de tablets van Amazon.

Tip

Meer weten

Wilt u meer weten over Android, neem dan een kijkje op www.android.com. De website bevat het laatste nieuws, informatie over updates en een overzicht van interessante apps en apparaten.

1.3c Windows

Een relatieve nieuwkomer op de tabletmarkt is Microsoft; eind 2012 werd het besturingssysteem Windows 8 gelanceerd. Microsoft ontwikkelt in principe alleen het besturingssysteem, de hardware wordt door andere fabrikanten geproduceerd. Er zijn inmiddels al redelijk wat tablets die draaien op Windows 8 op de markt. Onder andere Samsung, Acer en Asus hebben tablets met Windows 8 ontwikkeld.

Windows Surface

Bij de introductie van Windows 8 bracht Microsoft een eigen laptop op de markt: Surface. De Surface draait op Windows RT of op Windows 8. De versie met Windows RT beschikt standaard over Office 2013 RT. Hiermee beschikt u altijd over Word, Excel, PowerPoint, OneNote en Outlook.

Windows RT

Tablets kunnen draaien op Windows 8 of op Windows RT. Deze laatste versie is speciaal gemaakt voor gebruik op tablets. Het grootste verschil is dat op Windows RT alleen apps geïnstalleerd kunnen worden. Op Windows 8 kunnen ook dekstopprogramma's geïnstalleerd worden.
Een tablet met Windows 8 biedt dus meer mogelijkheden. Tablets die draaien op Windows RT lijken in het dagelijks gebruik meer op andere tablets, ook dankzij de flinke accuduur. Omdat tablets met Windows 8 ook met gewone programma's werken, gaat de accu vaak minder lang mee.

Live tiles

Kenmerkend voor Windows 8 is het startscherm, dat verdeeld is in een aantal 'tegels' (*live tiles*). Deze bieden snel toegang tot informatie uit apps. Heeft u bijvoorbeeld een app die het weer voorspelt, dan toont de tegel het weer bij u in de buurt. U hoeft de app zelf niet te openen om de belangrijkste informatie te zien.

Apps

Apps voor Windows 8 worden aangeboden in de Windows Store. Omdat het besturingssysteem nog niet zo lang bestaat, zijn er veel minder apps dan voor iOS en Android. Inmiddels zijn het er wel meer dan 100.000, maar een groot deel is Amerikaans en daardoor niet beschikbaar in de Nederlandse store. Maar ook daar groeit het aantal apps gestaag.

Tip

Meer weten

Meer informatie over Windows 8 en Windows RT vindt u op www.microsoft.nl/windows8.

2

TABLET-KOOPWIJZER

Platform, schermgrootte, functies, uiterlijk: er zijn veel factoren waar u rekening mee moet houden bij het uitzoeken van de juiste tablet. In dit hoofdstuk bespreken we alle belangrijke elementen.

Het aanbod van tablets is erg groot. Bij het kiezen van een nieuwe tablet zijn er verschillende aspecten waar u op moet letten. Ze onderscheiden zich niet alleen op het gebied van uiterlijk. Ook andere aspecten, zoals de hoeveelheid apps en schermgrootte, spelen een belangrijke rol. Het is even wat uitzoeken, maar dan heeft u ook een tablet die volledig bij uw wensen aansluit.

2.1 Platform

Het besturingssysteem van de tablet bepaalt in sterke mate de functionaliteit en het karakter ervan. In hoofdstuk 1 heeft u gelezen over de populairste platformen. We zetten de belangrijkste overeenkomsten en verschillen in tabel 3 op een rijtje. De uiteindelijke keuze is afhankelijk van uw persoonlijke voorkeur. U moet voor uzelf bepalen welke onderdelen u het belangrijkst vindt.

TABEL 3 MOBIELE BESTURINGSSYSTEMEN

	iOS	Android	Windows 8/RT
App-aanbod	Groot app-aanbod, meer dan 900.000 iOS-apps	Groot app-aanbod, maar iets minder dan iOS	Beperkt app-aanbod, maar groeiend
Aanpasbaarheid	Beperkt	Groot	Redelijk groot
Privacy	Goede privacy-instellingen	Goede privacy-instellingen	Weinig privacy-instellingen
Uitwisselen en laden	Bestanden uitwisselen via iTunes	Bestanden uitwisselen zonder aparte software	Bestanden uitwisselen zonder aparte software
Updates	Software-updates zijn snel beschikbaar voor alle gebruikers	Software-updates worden traag uitgerold, beschikbaarheid afhankelijk van fabrikant	Regelmatige updates

2.2 Scherm

2.2a Schermgrootte

Op het gebied van schermgrootte maken tablets flinke ontwikkelingen door. De eerste tablets hadden een scherm van 10 inch, maar er zijn nu ook tablets met een kleiner scherm. In tabel 4 ziet u een overzicht van de meestvoorkomende schermformaten en in hoeverre dat formaat geschikt is voor bepaalde functionaliteiten.

TABEL 4 SCHERMGROOTTE VAN TABLETS

	Schermgrootte in inch			
	7	7,9	9	10,1
Draagbaarheid	*****	*****	****	***
Batterijduur	*****	****	****	***
Lezen boeken	*****	*****	****	****
Bekijken video	***	***	****	*****
Gamen	**	**	****	*****

* niet geschikt
** matig geschikt
*** voldoende geschikt
**** goed geschikt
***** uitstekend geschikt

Welk formaat u kiest, is sterk afhankelijk van de taken die u met de tablet wilt uitvoeren. Wilt u bijvoorbeeld films kijken, of dagelijks de krant en boeken lezen? Let bij de aanschaf ook op de rand rond het scherm. Deze zorgt ervoor dat u de tablet goed vast kunt houden. Een brede rand neemt uiteraard meer ruimte in dan een smalle rand.

De kleinste tablets hebben een scherm van 7 inch. Deze passen gemakkelijk in een tas en wegen vaak niet meer dan 500 gram. Ze zijn dus eenvoudig mee te nemen en vast te houden. Voor het bekijken van video's of om te gamen zijn ze minder geschikt, omdat het scherm er simpelweg te klein voor is.

De grootte heeft natuurlijk wel invloed op het gewicht; tablets met een groot scherm zijn zwaarder dan die met een klein scherm. De meeste fabrikanten richten zich op tablets met een schermformaat van 10,1 of 7 inch.

iPad Mini

Met eigen ogen

Niet alleen het schermformaat, ook het type scherm is van belang voor de gebruikservaring. Heeft u een tablet op het oog, probeer deze dan altijd uit, ongeacht of u hem uiteindelijk in een fysieke winkel of online aanschaft. Het effect ziet u pas als u de tablet zelf bekijkt. Het gaat hierbij om:

- spiegeling van het scherm;
- mate waarin uw vingerafdruk zichtbaar blijft op het scherm;
- reactiesnelheid van het scherm.

Er zijn twee soorten schermen die veelvuldig worden gebruikt: schermen gemaakt met de LCD-techniek en schermen gemaakt met de AMOLED-techniek. LCD-schermen hebben vaak een goede, realistische kleurweergave en een goede kijkhoek (het scherm verandert niet van kleur als u onder een hoek bekijkt). Nadeel van LCD-schermen is dat goedkope varianten vaak een slecht contrast tonen, waardoor zwart als grijs oogt. AMOLED-schermen hebben een uitstekend contrast en een levendige kleurweergave. Deze schermen kunnen zuiniger zijn, omdat ze minder energie gebruiken als er veel zwarte elementen in beeld zijn. LCD-schermen gebruiken altijd dezelfde hoeveelheid energie. Door de tablet in de winkel uit te proberen, kunt u zelf bepalen welk scherm voor u het prettigst werkt.

2.2b Resolutie

Tablets worden geleverd met uiteenlopende schermresoluties. De resolutie wordt aangegeven in het aantal pixels (beeldpunten). Een hogere resolutie hangt in de praktijk vaak samen met een grotere diameter. Een tablet met een scherm van 7 inch heeft doorgaans een resolutie van 1024 x 600 pixels. Heeft u een tablet met groot scherm, dan is de variatie in resoluties wat groter. Goedkope varianten hebben een lage resolutie, van bijvoorbeeld 1024 x 768 pixels. Prijziger tablets zijn soms uitgerust met een scherm van 2560 x 1600 pixels. Het aantal pixels is van ondergeschikt belang voor

de beeldkwaliteit. Belangrijker is de oppervlakte-eenheid. Hoe meer pixels per vierkante centimeter (of inch), hoe scherper het beeld.
De oppervlakte-eenheid wordt uitgedrukt in dots per inch (dpi, beeldpunten per inch). Dit merkt u vooral bij letters op het scherm. Bij een hoge dpi is de letter scherper. Het scherm van de eerste iPad had een waarde van 132 dpi, dat van de nieuwste iPad 264 dpi. De tablet met het grootste aantal pixels per inch is de Samsung Google Nexus 10 (299 dpi).

Samsung Google Nexus 10

Retina?

De term 'retina' wordt door Apple gebruikt om aan te geven dat de dichtheid van pixels op het scherm zo hoog is, dat het menselijk oog niet meer in staat is de losse pixels van elkaar te onderscheiden. Retina werd geïntroduceerd bij de iPhone 4 en kende een resolutie van 330 dpi. Ook de nieuwste iPad heeft een retinascherm, met 264 dpi. De tablet wordt verder van de ogen gehouden dan de telefoon, daarom hoeft de dpi-waarde van een retinascherm bij tablets niet zo hoog te zijn als bij smartphones. Concurrenten blijven echter niet achter en introduceren ook schermen met hoge resoluties. Een goed voorbeeld is de al genoemde Samsung Google Nexus 10.

2.3 Processor

De processor, het kloppend hart van uw tablet, heeft als taak de berekeningen en taken uit te voeren. Hoe krachtiger de processor, hoe sneller de tablet is. Moderne processoren zijn uitgerust met meerdere kernen (*cores*), we noemen dit multi-coreprocessoren. Het werk wordt verdeeld over de verschillende kernen, waardoor de taak sneller afgerond is. Hoe hoger de snelheid van de processor, hoe sneller de taken verricht kunnen worden. De meeste processoren hebben een snelheid van minstens 1 gigahertz. De software is ook van invloed op de snelheid van de processor. Bij efficiënte software hoeft niet per se de snelste processor te worden gebruikt. De processor zorgt dan vooral voor een vlotte bediening.

2.4 Geheugen

2.4a RAM-geheugen

Het RAM-geheugen, ook wel intern geheugen genoemd, is het werkgeheugen van de tablet. Dit geheugen wordt gebruikt om, tijdens het uitvoeren van taken, tijdelijk informatie op te slaan. Hoe groter het RAM-geheugen, hoe sneller taken worden uitgevoerd. Moderne tablets beschikken meestal over minimaal 1 gigabyte (GB) RAM-geheugen. Goedkopere tablets worden nogal eens uitgevoerd met 512 megabyte (MB) werkgeheugen. Wees hier kritisch op: in de praktijk betekent dit vaak dat de tablet traag is tijdens het uitvoeren van grote taken en dus minder soepel werkt. Een goed voorbeeld hiervan is de eerste iPad, die is uitgerust met 256 MB RAM-geheugen. De laatste iOS-versie die nog op deze iPad functioneert (iOS 5) werkt soms erg traag.

2.4b Opslagruimte

Foto's, muziekcollecties, films en video's: al uw persoonlijke bestanden nemen ruimte in op de tablet. Hetzelfde geldt uiteraard voor de hoeveelheid apps die u installeert. Het geheugen van een tablet is – in tegenstelling tot bijvoorbeeld een laptop – vaak niet uit te breiden. Als de tablet een ingebouwde kaartlezer heeft, kunt u een geheugenkaart installeren (zie het kader 'Uitbreidbaar geheugen'). Het is belangrijk dat u goed nadenkt over de opslagruimte die u nodig heeft en een tablet kiest met de juiste hoeveelheid. Op dit vlak bestaan er veel verschillen. De meeste tablets beschikken minimaal over 16 GB opslagruimte, maar ook 32 GB is erg populair. Wilt u meer opslagcapaciteit, dan zijn er ook tablets met 64 GB en 128 GB op de markt. Deze tablets zijn wel meteen een stuk duurder. De opslagruimte blijft voor velen een abstract begrip. Wanneer kiest u nu voor 16 GB, en wanneer gaat u voor een 64 GB-variant?

Uitbreidbaar geheugen
Weet u niet zeker of u in de toekomst voldoende heeft aan de gekozen opslagruimte? Sommige tablets zijn uitgerust met een ingebouwde geheugenkaartlezer. Een prettige optie, die u in staat stelt het geheugen uit te breiden. U kunt bijvoorbeeld grotere bestanden op een externe geheugenkaart opslaan en het vaste geheugen van de tablet reserveren voor tijdelijke en kleine bestanden. Het is het vaak alleen mogelijk om muziek, video's of foto's op de externe geheugenkaart op te slaan. Apps kunt u er meestal niet op kwijt.

U kunt het geheugen van sommige tablets uitbreiden met een geheugenkaart

16 GB
Tablets met 16 GB opslagruimte zijn geschikt voor gebruikers die niet veel grote apps gebruiken en bij wie de mediacollectie (foto's, films en video's) beperkt is. Het formaat is ook geschikt voor wie niet veel foto's of video's maakt met de camera op de tablet zelf en veel gebruikmaakt van onlinediensten om bijvoorbeeld films te kijken en muziek te luisteren. Ook is 16 GB interessant als u lokaal materiaal (zoals foto's en films) regelmatig naar een ander apparaat, zoals computer of externe harde schijf, kopieert om het daar te archiveren. Zo houdt u de tablet zelf opgeruimd en komt u minder snel in de knel met beschikbare opslagruimte.

32 GB
Een opslagcapaciteit van 32 GB is prettig in het dagelijks gebruik. U kijkt films en tv-programma's op de tablet en gebruikt hem voor het luisteren van muziek, zowel online als offline. U bewaart uw muziekcollectie op de tablet en ook uw persoonlijke verzameling foto's en video's. Ook heeft u de nodige apps geïnstalleerd, bijvoorbeeld game-, nieuws- en weer-apps. Kortom: u heeft geen torenhoge eisen als het gaat om opslagruimte, maar wilt voldoende ruimte hebben om de tablet als uw primaire apparaat te kunnen inzetten.

64 GB

Heeft u een grote hoeveelheid films, muziek en tv-programma's en wilt u alles op de tablet opslaan, dan is een opslagruimte van 64 GB een goede keuze. Ook als u de tablet gebruikt voor het maken en bewaren van foto's in hoge resolutie en deze niet tussentijds wilt overzetten naar een externe schijf of online wilt opslaan, zit u algauw aan 64 GB.

Tablets met 64 GB zijn relatief prijzig. Bedenk goed of u echt al uw informatie lokaal wilt opslaan, voordat u tot aanschaf overgaat.

Eerlijk alles delen

Leest u dat een tablet 32 GB aan boord heeft en concludeert u bij controle dat er minder ruimte beschikbaar is? Dat komt doordat de opslagruimte niet alleen wordt gebruikt door uw eigen bestanden, maar ook door andere onderdelen, zoals het besturingssysteem en geïnstalleerde apps. Ook systeembestanden kunnen de nodige ruimte innemen. Deze onderdelen kunt u meestal niet verwijderen. Er kan tot wel 50% van de opslagruimte door het systeem in beslag worden genomen. Tablets die niet veel extra software aan boord hebben, houden veel ruimte vrij voor andere bestanden.

De Asus Google Nexus 7 en de Acer Iconia B1 (Android) zijn hiervan goede voorbeelden. Op deze tablets neemt Android maar 3 tot 4 GB in beslag. De Android-versie van Samsung neemt, door de bediening en extra software, relatief veel ruimte in: van de 16 GB blijft op de Galaxy Tab 3 9,6 GB voor uzelf over. Op de iPad heeft u iets meer opslagruimte voor uzelf, maar daar kunt u geen geheugenkaart gebruiken. Bij het 32 GB-model van de Microsoft Surface blijft zelfs maar iets meer dan de helft over. Daar kunt u niets aan veranderen, maar het is wel iets waar u rekening mee kunt houden. Een deel van het geheugen wordt overigens in beslag genomen door een reservekopie, die u ook op een USB-stick kunt opslaan.

128 GB

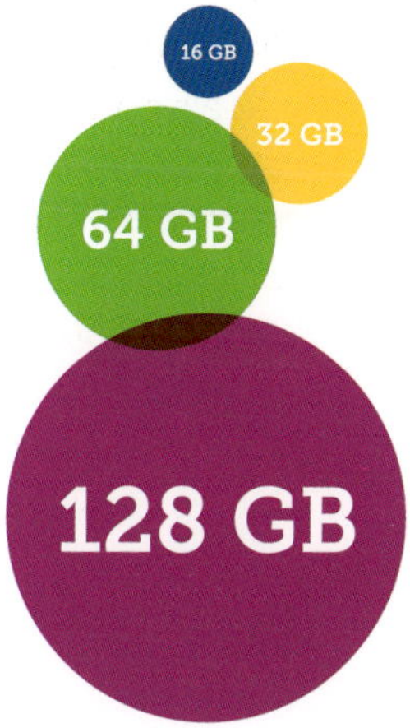

Op het moment van publicatie van dit boek zijn er nog niet veel tablets met 128 GB opslagruimte. Er is een iPad en er zijn ook Windows 8-tablets met zo'n groot geheugen. Deze apparaten zijn vooral gericht op professionele gebruikers en zijn dan ook erg duur. Denk aan een cameraman die ongemonteerd materiaal opslaat, muzikanten die alle muziek in de hoogste kwaliteit moeten bewaren of monteurs die hun technische handleidingen altijd digitaal bij zich dragen.

2.5 Verbinding maken

2.5a Internetverbinding

E-mailen, surfen, videobellen en *social media*: uw tablet kan niet zonder verbinding met internet. Alle tablets zijn uitgerust met wifi, zodat u verbinding kunt maken met een draadloos toegangspunt. Als op kantoor en thuis draadloos internet beschikbaar is, is dit voor de meeste gebruikers voldoende. Bovendien is ook op veel openbare locaties, zoals in de trein en op het vliegveld, wifi beschikbaar (al dan niet tegen betaling).

Als u niet afhankelijk wilt zijn van wifi, maar toch altijd online wilt zijn, kunt u kiezen voor een tablet met ondersteuning van mobiel internet. Dit werkt hetzelfde als bij uw smartphone: u plaatst een simkaart in de tablet, die verbinding maakt met het mobiele netwerk van een provider. Moderne tablets ondersteunen 3G- en 4G-datatoegang. Deze tablets zijn duurder dan modellen die alleen wifi ondersteunen; reken op €100 meer. Daarnaast moet u bij een provider een abonnement voor mobiele data afsluiten (zie het gelijknamige kader).

Data-abonnementen

Steeds meer providers bieden data-abonnementen voor tablets aan. Heeft u ook een smartphone, dan kan een combinatieabonnement interessant zijn. U kunt dan naast de simkaart voor uw telefoon een tweede datasimkaart aanvragen. Uw smartphone en tablet maken dan gebruik van dezelfde databundel. U kunt ook een los data-abonnement afsluiten, dat niet gekoppeld is aan uw smartphoneabonnement.

Tip

Mobiele hotspot

U wilt niet extra betalen voor een tablet met mobiele datatoegang, maar heeft soms toch toegang tot internet nodig als er geen wifi beschikbaar is? Maak dan gebruik van de tethering-functie van uw smartphone. Met deze functie (ook wel aangeduid als 'Persoonlijke hotspot' of 'Mobiele hotspot') deelt u de dataverbinding van uw smartphone met uw tablet. Uw tablet maakt via wifi verbinding met uw telefoon en krijgt op deze manier toegang tot internet. Pas wel op dat u uw datalimiet niet overschrijdt.

2.5b Verbinding via een kabel

U kunt de tablet ook met andere apparaten verbinden, zoals uw televisie. Sommige tablets zijn uitgerust met een HDMI-aansluiting, waarmee u een extern scherm kunt aansluiten. Er zijn tablets met een volledige HDMI-aansluiting, maar sommige hebben een mini-HDMI-aansluiting. In andere gevallen (bijvoorbeeld de iPad) moet u een verloopstuk aanschaffen voordat u verbinding kunt maken met een extern scherm.

Ook een eenvoudige koppeling aan een camera kan handig zijn. Veel Android- en Windows 8-tablets beschikken over een ingebouwde kaartlezer voor geheugenkaarten. Dat is handig als u de gemaakte foto's direct wilt overzetten naar uw tablet. Bij Apple heeft u hiervoor een speciale uitbreiding nodig. Heeft u een tablet op het oog, controleer dan de ingebouwde aansluitmogelijkheden en beoordeel of deze voor u voldoende zijn.

Veiligheid voor alles

Werkt u vaak buitenshuis met uw tablet? Neem dan de volgende voorzorgsmaatregelen in acht als u verbinding maakt met onbekende draadloze netwerken (zie ook par. 10.1):

- **Zorg ervoor dat de gegevens op uw tablet altijd goed beveiligd zijn.**
- **Maak alleen verbinding met netwerken die u vertrouwt. Openbare wifinetwerken kunnen gebruikt worden om uw persoonlijke gegevens te achterhalen; maak dus niet zomaar verbinding met elk netwerk.**

2.5c Verbinding via bluetooth

Bluetooth is een prettige manier om andere apparaten draadloos aan uw tablet te koppelen. Als uw tablet bluetooth ondersteunt, kunt u bijvoorbeeld een draadloos toetsenbord of een draadloze koptelefoon gebruiken. Bluetooth leent zich ook goed voor het uitwisselen van bestanden tussen twee tablets of tussen een tablet en een smartphone. In hoeverre bluetooth wordt ondersteund, is afhankelijk van de versie van het besturingssysteem. De fabrikant bepaalt welke functies van bluetooth beschikbaar zijn.

2.6 Accuduur

Waar tablets over het algemeen steeds veelzijdiger en krachtiger zijn geworden, lijkt de batterij-industrie achter te blijven. De levensduur van de accu laat soms te wensen over. Gevolg is toenemende frustratie onder bezitters van laptops, smartphones en tablets. Niets is zo vervelend als een lege tablet tijdens een intercontinentale vlucht of zoeken naar een oplaadpunt in een café, omdat de accu alweer leeg is.

Fabrikanten plaatsen de geschatte accuduur bij de specificaties van de tablet, maar die moet u met een korreltje zout nemen. Dit zijn namelijk theorietijden: de eigenlijke accuduur verschilt in de praktijk. Toch geeft de opgegeven accuduur een indicatie van het uithoudingsvermogen. Houd zelf in gedachten dat vaak geldt: hoe groter het scherm, hoe korter de accuduur. Bepaal zelf wat voor u de gewenste levensduur van de accu is en let daarop bij het vergelijken van tablets.

Levensduur

Hoe lang kunt u uw tablet gebruiken met een volle accu? Dat verschilt per type. Denk aan ongeveer 8 uur als u de tablet continu gebruikt (inclusief surfen, e-mail, video's kijken, gamen). Gebruikt u de tablet af en toe, dan houdt deze het vaak tot wel drie dagen vol (tips om de levensduur te verlengen, vindt u in par. 11.1).

2.7 Content

Een tablet is leuk, maar wordt pas echt nuttig als u de juiste content erop kunt gebruiken. Met content bedoelen we: muziek en films, maar ook boeken en tijdschriften. Waar u de content vandaan wilt halen, kan grote invloed hebben op de keuze voor een specifieke tablet. Vooral de laatste paar jaar doen tabletfabrikanten er veel aan om de juiste content voor hun tablets beschikbaar te maken.
Apple heeft hierin de meeste ervaring. Dankzij iTunes kunt u al uw muziek en video's ook op uw iPad afspelen. Als u al gebruikmaakt van iTunes en een grote muziekcollectie heeft opgebouwd, ligt het voor de hand dat u voor een iPad kiest. Als u een andere tablet kiest, moet u uw hele collectie overzetten naar een ander systeem. Ook boeken en tijdschriften zijn eenvoudig (tegen betaling) via de iPad te downloaden.
Maar Android is niet achtergebleven: via de Google Play

Store heeft u toegang tot muziek, films en televisieprogramma's. Ook de sectie met boeken en tijdschriften wordt in rap tempo uitgebreid. De Google Play Store is echter niet op elk Android-apparaat beschikbaar (zie par. 1.3b). Houd daar rekening mee bij de keuze voor een Android-tablet.
Ga na op welke (online)locaties u uw content heeft opgeslagen. Bent u gebonden aan een specifieke aanbieder en heeft u daar al veel tijd, geld of energie in gestoken, dan is het slim daar bij de keuze voor een tablet rekening mee te houden.

2.8 Gewicht

Wat betreft het gewicht is er redelijk wat verschil tussen tablets. Als u de tablet langere tijd achter elkaar vasthoudt, is een zo laag mogelijk gewicht erg prettig. Ditzelfde geldt als u de tablet vaak onderweg meeneemt. Het gewicht hangt vaak nauw samen met de schermgrootte van de tablet (zie par. 2.2a) en de grootte van de accu. Ook de dikte van de tablet heeft invloed op het gewicht: hoe dikker de tablet, hoe zwaarder.

2.9 Merk

Het merk van de tablet is van invloed op uw keuze. Kiest u voor Apple, Samsung, Acer of nog een ander merk? Verken de markt en bepaal welk merk u aanspreekt. U krijgt een redelijke indruk als u de Nederlandse website van de fabrikanten bezoekt. Is deze goed verzorgd en inhoudelijk uitgebreid, dan neemt de fabrikant u serieus. Lees ook artikelen op de website over updates en ondersteuning. Vooral bij Android-tablets is het prettig als de fabrikant regelmatig updates uitbrengt voor het besturingssysteem, ongeacht de leeftijd van de tablet.
Ook de reparatiemogelijkheden in het geval van problemen verschillen per fabrikant. Hoe is het gesteld met het dealernetwerk? Kunt u met een defecte tablet vlot terecht bij een servicepunt of bent u het apparaat weken kwijt omdat het

moet worden opgestuurd naar de fabrikant? Vraag ook in uw omgeving naar de ervaringen van bezitters van een tablet.

2.10 Kosten

Belangrijk in het keuzeproces zijn ook kosten van een tablet. De verschillen op dit vlak zijn aanzienlijk. De meeste goedkope tablets draaien op Android; voor circa €150 kunt u er al één aanschaffen. Er is een groot prijsverschil met tablets in het hoogste segment: voor een tablet die draait op Windows 8 kunt u tot €1200 betalen.
Waarin schuilen de verschillen? Voor Windows worden relatief hoge licentiekosten in rekening gebracht en Apple kiest ervoor tablets uit te brengen die beginnen op een hoger prijspeil.
Bent u beperkt in uw budget en wilt u geen concessies doen op het gebied van functionaliteit en apps, dan heeft Android vaak de beste kaarten. Let er wel op dat u een gecertificeerde Android-tablet aanschaft (zie par. 1.3b). Hecht u veel waarde aan uiterlijk, veel apps en consistent gebruiksgemak, dan is de iPad in veel gevallen een interessante keuze. Voor wie ook serieuze taken met een tablet wil uitvoeren en grote waarde hecht aan compatibiliteit met kantoorsoftware (zoals Office), biedt een Windows 8-tablet de beste opties.

Opslaan in de cloud

Voor opslagruimte betaalt u relatief veel geld. Vaak kost een model met een dubbele hoeveelheid geheugen (bijvoorbeeld 64 GB in plaats van 32 GB) honderden euro's meer. Vervelend, want de kans is groot dat u aardig wat ruimte nodig heeft voor uw collectie foto's, muziek, films en eigen video's. De cloud kan dan een oplossing zijn. Via onlinediensten als Dropbox (www.dropbox.com), Google Drive (http://drive.google.com) en SkyDrive (www.skydrive.com) heeft u tientallen extra GB's tot uw beschikking.

Tip

Keuzehulp
Heeft u extra hulp nodig bij de uiteindelijke keuze voor een tablet? Op de website van de Consumentenbond (www.consumentenbond.nl) vindt u actuele tests en vergelijkingen van tablets.

2.11 Handige accessoires

Met alleen de keuze voor een tablet bent u er niet, want er zijn veel verschillende accessoires waarmee u uw tablet kunt uitbreiden. Met het ene accessoire beschermt u de tablet, met het andere geeft u hem een ander uiterlijk en met weer andere voegt u extra functies toe. Welke accessoires zijn de moeite waard als u een tablet aanschaft of er al eentje heeft?

2.11a Bescherm het beeld

Cover

Een cover (of hoes) voor uw tablet mag niet ontbreken. Vooral het scherm is erg kwetsbaar en kan snel beschadigd raken. Bovendien zorgt een goede hoes voor een betere grip. Sommige hoezen hebben meerdere functies: zo heeft de Surface-tablet van Microsoft toetsenbordcovers. Deze hoes beschermt de tablet niet alleen, maar beschikt ook over een ingebouwd toetsenbord.

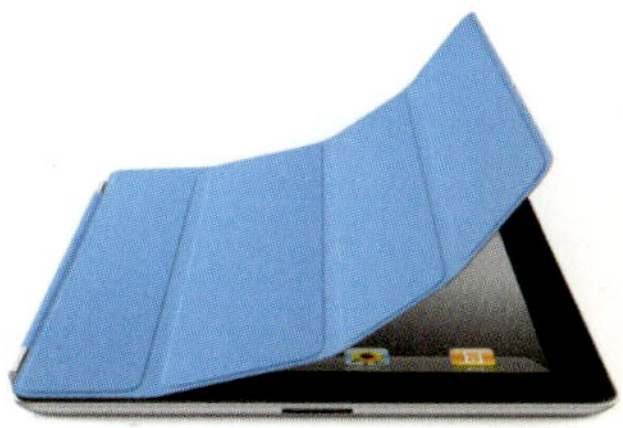

Beschermfolie

Niet duur, wel handig: beschermfolie (*screenprotector*) dat u op het scherm van uw tablet 'plakt'. Dit beschermt het tegen krassen en andere kleine beschadigingen. Vooral als u de tablet in een tas opbergt met scherpe voorwerpen (denk aan sleutels), kan een goede screenprotector een hoop leed voorkomen. De ene tablet is overigens gevoeliger dan de andere. Als het scherm bijvoorbeeld is afgewerkt met een harde beschermlaag raakt de behuizing eerder beschadigd dan het scherm. In dat geval is een cover (zie voorgaand) een betere optie.

Bamboo Stylus Pocket

2.11b Stylus

De meeste tablets bedient u met uw vingers. Wilt u de tablet preciezer bedienen of heeft u genoeg van de vette vingers op het scherm? Dan kan de stylus uitkomst bieden: u kunt de tablet dan met een pen bedienen. Een stylus is zo ontworpen dat deze een vinger nabootst. Alle tablets die reageren op vingeraanraking reageren ook op een stylus. Sommige houden al rekening met bediening via een stylus; voorgeïnstalleerde apps hebben dan vaak extra functies die u met de stylus kunt gebruiken. De meeste tablets worden niet standaard met een stylus geleverd, maar reageren er wel op. Als er wel een stylus meegeleverd wordt, kunt u deze vaak in de behuizing van de tablet opbergen.

2.11c Connectoruitbreidingen

In par. 2.5b heeft u kunnen lezen dat de verbindingsmogelijkheden per tablet verschillen. Bent u van plan om de tablet te koppelen aan externe apparaten, dan heeft u mogelijk de daarbij behorende accessoires nodig. Zo kunt u de iPad koppelen aan een extern scherm, als u gebruik maakt van een VGA- of HDMI-connector. Ook zijn er uitbreidingssets verkrijgbaar, waarmee u de geheugenkaarten van uw fototoestel direct op de tablet kunt uitlezen.

Lightning-adapter

Kiest u voor een iPad? Let dan bij het aanschaffen van accessoires goed op de aansluiting. Apple introduceerde onlangs de Lightning-aansluiting, die een stuk kleiner is dan de oude 30 pins-aansluiting. Controleer voor aankoop van een accessoire voor welk type aansluiting het is gemaakt. Heeft u accessoires met een 30 pins-aansluiting en een tablet met een Lightning-aansluiting, of andersom? Geen paniek, u hoeft niets weg te gooien. Met een 30-pins-naar-Lightning-adapter kunt u de apparaten en accessoires met verschillende aansluitingen gewoon aan elkaar koppelen.

2.11d Extra laders

De accu van een tablet houdt het, bij continu gebruik, gemiddeld 8 uur vol. Het is daarom handig een lader bij de hand te hebben, zodat u de tablet altijd kunt opladen. Naast de normale lader kunt u denken aan een autolader of een mobiele lader met usb-aansluiting.

(Auto)lader

Als u met de auto onderweg bent, is een autolader erg handig. Autoladers voor smartphones voldoen meestal niet; de tablet laadt dan niet, onvolledig of erg traag op. Een tablet heeft doorgaans een lader van 2.1 ampère nodig. Fabrikanten geven vaak aan of de lader in kwestie is bedoeld voor een smartphone of tablet. Controleer voor aanschaf of de lader voldoende capaciteit heeft.

> **Aansluiting**
>
> **Sinds enkele jaren moeten smartphones in de Europese Unie over een uniforme stekker beschikken, maar voor tablets gelden deze regels nog niet. Controleer dus goed welke aansluiting uw tablet gebruikt, anders zit u met een onbruikbare oplader.**

Mobiele lader

Met een mobiele lader kunt u uw tablet altijd en overal opladen, zonder dat u een stopcontact nodig heeft. De aansluiting loopt via usb. U laadt de mobiele lader op via het lichtnet. Ook hier geldt: kies een lader met voldoende vermogen om uw tablet op te laden.

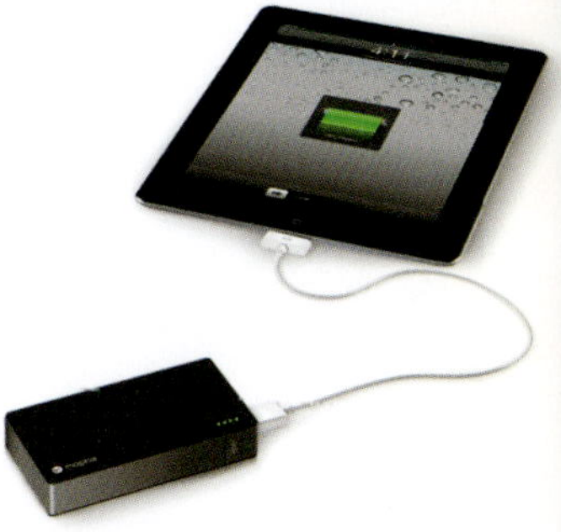

Mophie Juice Pack Powerstation Duo, mobiele lader voor tablet en smartphone

2.11e Externe harde schijf

Als u meer opslagruimte wilt, is een externe harde schijf een nuttige accessoire. Soms kunt u deze schijf eenvoudig via een usb-aansluiting aan uw tablet koppelen. Als uw tablet geen usb-uitgang heeft, kunt u kiezen voor een draadloze harde schijf.

Draadloze externe harde schijven zijn over het algemeen wat duurder dan die met een usb-aansluiting, maar ze bieden wel meer vrijheid. U kunt via het draadloze netwerk bestanden opslaan en de schijf kan tegelijkertijd door meerdere apparaten worden gebruikt.

2.11f Tablethouder

Gebruikt u de tablet vaak op één plaats? Dan biedt een tablethouder uitkomst. Hiermee kunt u hem op een vaste plaats bevestigen. Dat kan in de keuken zijn, maar er zijn ook houders voor andere locaties, zoals auto, boot of woonkamer.

2.11g Bluetooth-toetsenbord

Als u veel moet typen, is een extern toetsenbord geen overbodige luxe. Het schermtoetsenbord op de tablet voldoet voor het schrijven van korte teksten, maar is niet erg praktisch voor langere teksten. Er zijn toetsenborden die u via een usb-kabel kunt aansluiten, maar wij raden een bluetooth-toetsenbord aan. U heeft dan geen last van kabels en kunt het eenvoudig opbergen als u het niet nodig heeft.

3

DE TABLET IN GEBRUIK NEMEN

U heeft gekozen voor een tablet. De verpakking is geopend, de batterij is opgeladen. En nu? U kunt niet wachten! In dit hoofdstuk leest u hoe u vlot aan de slag kunt.

U bedient de tablet eenvoudig met uw vingers

3.1 De bediening

Hoewel tablets ook reageren op een stylus (zie par. 2.11b), zult u de tablet voornamelijk met uw vingers bedienen. Er is een aantal standaardbewegingen waar u het apparaat mee bedient, onafhankelijk van het type tablet dat u heeft. Hierna volgt een korte uitleg van de bewegingen die u het meest zult gebruiken.

3.1a Tikken

Tik eenmaal kort op een icoon, bijvoorbeeld op het pictogram van een app. Met deze beweging opent u bestanden, start u programma's en selecteert u items.

3.1b Dubbeltikken

Wilt u ergens op inzoomen? Dubbeltik dan op de plaats waar u wilt inzoomen. Als u weer terug wilt naar de oorspronkelijke weergave, dubbeltikt u nogmaals op deze plaats. Het scherm wordt dan weer uitgezoomd.

3.1c Lang indrukken

Als u uw vinger langere tijd op dezelfde plek houdt, zijn er verschillende opties, afhankelijk van de plek waar u zich in uw tablet bevindt. Heeft u een app geopend, dan wordt bijvoorbeeld extra informatie getoond. Als u in het startscherm het icoontje van een app lang ingedrukt houdt, kunt u deze app verplaatsen. Heeft u de gewenste locatie bereikt? Laat uw vinger weer los. De app is nu verplaatst.

3.1d Vegen

Door met uw vingers een vegende beweging te maken, bladert u door uw startschermen, maar bijvoorbeeld ook door uw foto's, video's of een pagina die u in uw broswer open heeft staan. U kunt zowel een horizontale als een verticale veegbeweging maken. Door een horizontale veegbeweging verspringt het beeld naar een nieuw scherm of naar een andere pagina, foto of video. Als u verticaal veegt, schuift de pagina omhoog of omlaag.

3.1e Slepen

Bij slepen verplaatst u een object niet, maar selecteert u het. Daarbij kunt u de selectie juist groter of kleiner maken. Bijvoorbeeld een tekst op een website. Als u een stuk tekst wilt selecteren, houdt u uw vinger daar op het scherm en maakt u vervolgens een sleepbeweging om het selectiegebied aan te geven.

3.1f Knijpen

Met een knijpbeweging kunt u objecten op uw tablet manipuleren. U kunt bijvoorbeeld op foto's inzoomen en navigatiekaarten draaien door uw vingers van elkaar af of juist naar elkaar toe te bewegen. Hierbij gebruikt u dus meerdere vingers.

3.2 iOS

3.2a Fysieke knoppen

Een iPad heeft een minimum aan fysieke knoppen. Bovenaan vindt u de aan-uitknop, waarmee u de iPad inschakelt. Aan de rechterkant vindt u de volumeknoppen, waarmee u de geluidssterkte bepaalt. Dezelfde kant bevat een knop waarmee u het geluid helemaal uit kunt zetten of de schermrotatie kunt vergrendelen. In het midden onderaan vindt u de homeknop; als u daarop drukt keert u altijd terug naar het startscherm, ongeacht in welke app of in welk scherm u zich bevindt.

Tip

Knopfunctie bepalen

U kunt zelf een functie toewijzen aan de knop aan de zijkant van de iPad. Ga naar *Instellingen* en kies voor *Algemeen.* Onder *Functie zijschakelaar* kiest u voor *Rotatievergrendeling* of *Geluid uit.*

Tip

Geluid uit

Om het geluid in één keer uit te zetten, kunt u ook de knop om het volume te dempen lang indrukken. Ook kunt u twee keer op de homeknop drukken, naar rechts vegen en vervolgens het volume uitschakelen.

3.2b Vergrendelingsscherm

Zodra u de iPad inschakelt, verschijnt het vergrendelingsscherm. De schuif die hier zichtbaar is, moet u van links naar rechts vegen om het scherm te ontgrendelen. U kunt er ook voor kiezen een pincode of een wachtwoord in te stellen, zodat de toegang tot de iPad beschermd is (zie par. 10.2b voor meer informatie over het beveiligen van uw tablet). Via het vergrendelingsscherm kunt u ook snel eerdergemaakte foto's bekijken. Rechts naast de ontgrendelschuif ziet u een icoontje met een bloem. Als u daarop tikt, kunt u uw foto's zien.

3.2c Startscherm

Op het startscherm van de iPad vindt u alle apps. U kunt meerdere startschermen gebruiken, zodat alle veelgebruikte apps eenvoudig toegankelijk zijn.

Dock

Onder in het startscherm vindt u het *dock*, waar u vijf favoriete apps kunt onderbrengen. De apps die in het dock staan, zijn in alle startschermen hetzelfde. Hier kunt u dus apps plaatsen die u vaak gebruikt. Het dock is standaard gevuld met de apps Safari, Mail, Video's en Muziek. Wilt u andere apps in het dock plaatsen? Zet stap 1 t/m 3.

Statusbalk

Boven in het scherm vindt u de statusbalk. Deze biedt plaats aan pictogrammen die belangrijke informatie tonen. Uiterst links vindt u informatie over actieve verbindingen. Het wifipictogram geeft aan of de iPad is verbonden met internet. In het midden van de balk staat een klok. Rechts vindt u de accu-indicator, die aangeeft wat de status van uw accu is.

Meerdere startschermen

U kunt meerdere startschermen gebruiken op de iPad. Om een nieuw startscherm te openen, maakt u een horizontale schuifbeweging. Het nieuwe startscherm verschijnt in beeld. Als u een app wilt verplaatsen naar een ander startscherm, versleept u het icoon tot de zijkant van het scherm. Het andere startscherm wordt automatisch geopend, waarna u de app erop kunt plaatsen. De puntjes onderaan in het scherm laten zien in welk startscherm u zich bevindt en hoeveel schermen er zijn.

Notificaties

Afspraken, meldingen, herinneringen: in het notificatiecentrum staan deze berichten allemaal netjes bij elkaar. U roept het notificatiecentrum op door met uw vinger vanaf de bovenrand van de iPad een verticale veegbeweging te maken. Tik op een melding om de details te zien.

iOS

1. Tik op een van de apps in het dock en houd uw vinger ingedrukt totdat de iconen beginnen te trillen.

2. Sleep het icoontje van de app die u niet meer in het dock wilt naar een lege plaats op het startscherm.

3. Versleep nu de gewenste app naar het dock en laat het los.

Tip

Aangepast startscherm

Geef uw iPad een persoonlijke tint door het vergrendelingsscherm en het startscherm van een eigen achtergrond te voorzien (zie par. 4.1a).

3.2d Werken met het toetsenbord

Kenmerkend aan de tablet is het schermtoetsenbord, waarmee u al het typwerk verricht. Het toetsenbord verschijnt automatisch als u iets in moet typen, bijvoorbeeld in een formulier op een website of in een tekstdocument. Het toetsenbord verdwijnt ook weer als u klaar bent met typen. Het toetsenbord van de iPad kent twee standen: zwevend en gesplitst. De eerste modus is standaard geactiveerd en toont alleen het toetsenbord wanneer het nodig is, bijvoorbeeld wanneer u een mail typt. De gesplitst-modus verdeelt het toetsenbord in twee helften en is handig als u snel wilt typen en de tablet met twee handen wilt vasthouden. Elke helft van het toetsenbord bedient u met één hand.

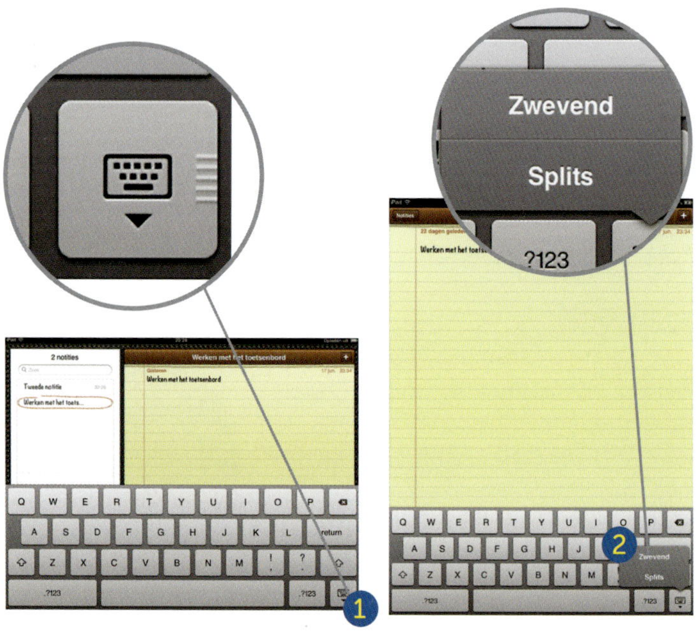

iOS

1. Druk de knop uiterst rechts op de onderste regel van het toetsenbord in.

2. Kies voor *Zwevend* of *Splits*.

Als het toetsenbord is gesplitst, kunt u nogmaals op de knop onderaan in het scherm drukken. Nu kunt u kiezen tussen *Bijeen in basis* (als u het toetsenbord weer als één geheel onderaan het scherm wilt tonen) en voor *Combineer* (als u de positie van het toetsenbord niet wilt aanpassen, maar de twee helften weer aan elkaar wilt 'lijmen').

Instellingen aanpassen

De iPad kent flink wat instellingen voor het toetsenbord. U vindt deze bij de algemene instellingen.

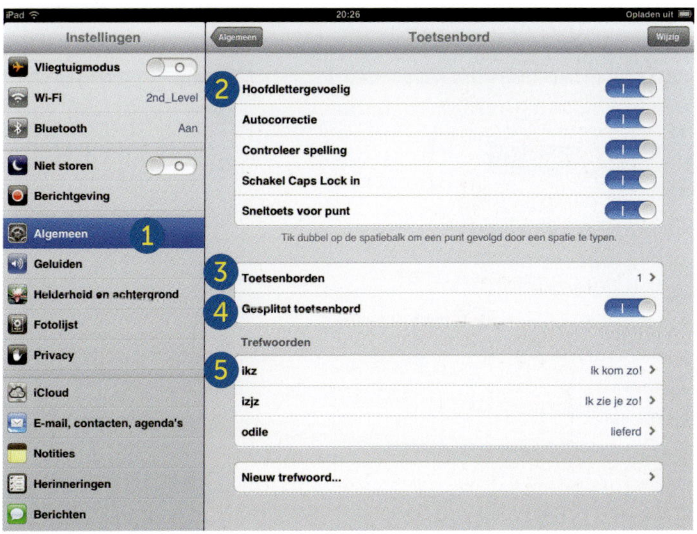

iOS

1 Tik op *Instellingen*. Kies voor *Algemeen* en tik op *Toetsenbord*.

2 Hier kunt u instellen in hoeverre uw iPad rekening moet houden met bijvoorbeeld hoofdletters. U doet dit eenvoudig door het schuifje achter het trefwoord naar 'aan' of 'uit' te verschuiven (zie het kader 'Toetsenbordinstellingen').

3 Tik op *Toetsenborden* om een toetsenbord met een andere taal in te stellen. Op iPads die in Nederland worden verkocht, is standaard Nederlands geactiveerd.

4 Wilt u niet dat er gebruik wordt gemaakt van het toetsenbord in twee helften, zet dan de schuif bij *Gesplitst toetsenbord* op 'uit'.

5 Stel, als u dat wilt, trefwoorden in. Door bijvoorbeeld 'ikz' te typen, verschijnt automatisch de tekst 'Ik kom zo!'. Via *Nieuw trefwoord* kunt u zelf trefwoorden toevoegen.

Toetsenbordinstellingen

De iPad biedt een aantal toetsenbordinstellingen, die het typen gemakkelijker maken. U kunt zelf bepalen welke instellingen u wel en welke u niet gebruikt. We zetten ze hier even op een rijtje:

- *Hoofdlettergevoelig*: moet er worden gelet op het gebruik van hoofdletters?
- *Autocorrectie*: maakt u een typfout? Uw iPad kan deze corrigeren.
- *Controleer spelling*: u krijgt een melding als u een spelfout maakt.
- *Schakel Caps Lock in*: sta het gebruik van capslock toe.
- *Sneltoets voor punt*: voeg automatisch een punt in door twee keer op de spatiebalk te tikken.

3.2e Verbinding maken met wifi

Als u een data-abonnement voor uw iPad heeft, kunt u altijd gebruikmaken van internet (zie par. 2.5a), maar u zult meestal verbinding met internet maken via wifi. Dit is heel eenvoudig in te stellen.

iOS

1 Tik op *Instellingen* en kies voor *Wi-Fi*.

2 Hier ziet u een overzicht van de beschikbare netwerken.

3 Kies het netwerk waarmee u verbinding wilt maken en voer, indien nodig, het wachtwoord in. De iPad maakt nu verbinding met het gekozen netwerk.

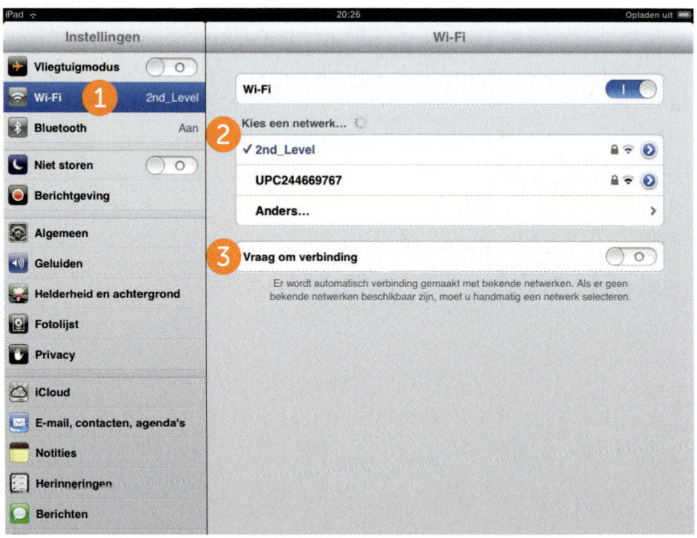

Als u een netwerk eenmaal heeft ingesteld, maakt de iPad voortaan automatisch verbinding als dit netwerk beschikbaar is. Wilt u niet dat er automatisch verbinding wordt gemaakt? Zet de schuif bij *Vraag om verbinding* dan op 'aan'.

3.2f Apple ID aanmaken

Om prettig te werken met een iPad, heeft u een Apple ID nodig. Daarmee kunt u apps downloaden uit de App Store en uw gegevens en instellingen online opslaan (zodat u ze in noodgevallen kunt terugzetten). U kunt gratis een Apple ID aanmaken op zowel uw iPad als de computer; die laatste optie is het snelst. U moet daarvoor wel de laatste versie van iTunes installeren (via www.apple.com/itunes). Op de iPad staat iTunes voorgeïnstalleerd. Volg de volgende stappen voor het aanmaken van een Apple ID.

Betaalgegevens

Bij het aanmaken van een Apple ID vraagt Apple om uw betaalgegevens. Dit lijkt verplicht, maar dat is niet zo. In onderstaand stappenplan wordt uitgelegd hoe u een Apple ID aan kunt maken zonder uw betaalgegevens in te voeren. Wilt u wel een creditcard aan uw Apple ID koppelen, kies dan bij stap 7 een andere betaaloptie en voer uw creditcardgegevens in.

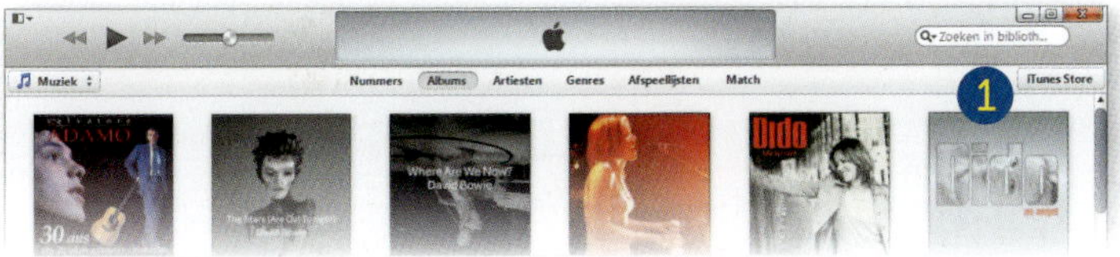

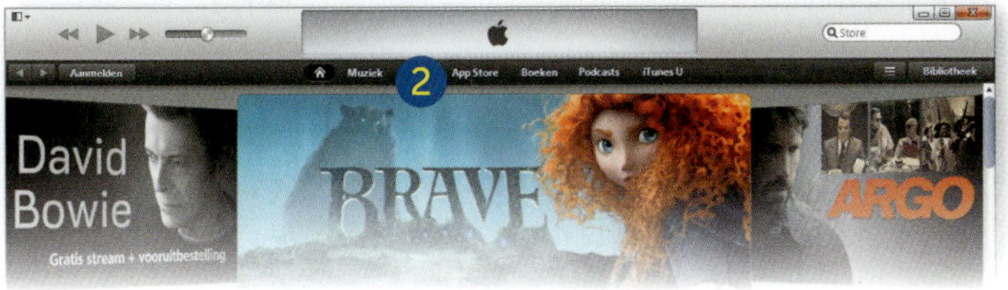

iTunes

1. Start iTunes en klik rechtsboven op de knop *iTunesstore*.

2. Klik in de balk op *App Store*.

3 Scroll omlaag tot u in de rechterkolom *TOP-APPS, GRATIS* ziet staan en kies uit die lijst een willekeurige app. Als u deze aanwijst, verschijnt achter het icoontje de knop *Gratis*. Klik daarop.

4 In het dialoogvenster dat verschijnt, klikt u op de knop *Apple ID aanmaken*. U komt in het startscherm van de aanmeldprocedure. Klik hier op *Ga door*.

5 Op de volgende pagina kunt u de voorwaarden doorlezen; vink vervolgens het vakje voor *Ik heb de algemene voorwaarden gelezen en ga ermee akkoord* aan en klik op de knop *Akkoord*.

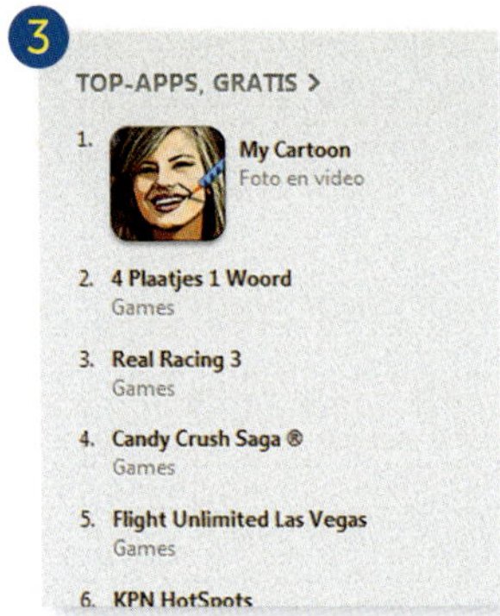

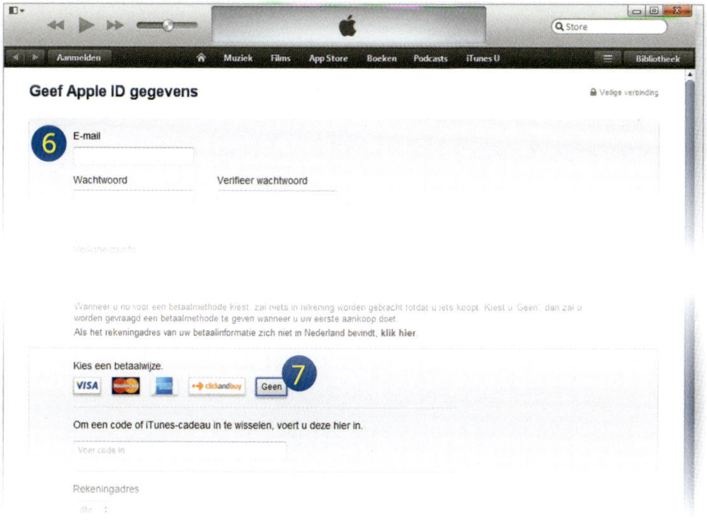

6 Geef een e-mailadres en wachtwoord op en stel drie veiligheidsvragen in. Als alles is ingevuld, klikt u op *Ga door*.

7 Kies bij betaalwijze op de optie *Geen* en vul de verplichte vakken voor naam en adres in. Klik vervolgens op *Apple ID aanmaken*.

8 Op de volgende pagina klikt u op *Gereed*. Er wordt nu een controlemail gestuurd naar het door u opgegeven e-mailadres. In deze mail klikt u op de link *Nu verifiëren*.

9 Op de pagina die nu geopend wordt, moet u uw accountnaam en wachtwoord invullen. Hierna ziet u dat uw e-mailadres is gekoppeld aan uw Apple ID. Klik op de knop *Ga winkelen* om in iTunes aan de slag te gaan.

3.2g Apps

Apps aanschaffen

Als u een Apple ID heeft, kunt u eenvoudig apps aanschaffen via Apple's App Store. Deze is standaard geïnstalleerd op de iPad. U zoekt de app van uw keuze, klikt op *Installeer app* (als de app gratis is) of op *Koop app* (als u ervoor moet betalen), en de app wordt geïnstalleerd.

Als u een creditcard aan uw Apple ID koppelt, kunt u daarmee apps aanschaffen. U kunt echter ook iTunes-cadeaukaarten kopen. Deze zijn verkrijgbaar in verschillende winkels, waaronder grote elektronicaketens en de fysieke Apple Stores. U rekent de kaart in de winkel af en gebruikt de code om het tegoed op uw account te storten.

Tip

Minder betalen voor hetzelfde tegoed

De cadeaukaarten van Apple zijn regelmatig in de aanbieding. U betaalt minder dan het tegoed dat u op uw account stort. Komt een dergelijke aanbieding voorbij, overweeg dan om meerdere kaarten aan te schaffen.

Apps afsluiten

Apps op uw iPad hoeft u normaal gesproken niet af te sluiten. Het applicatiebeheer wordt door iOS verzorgd, ook als een app niet meer reageert. Toch kunt u apps wel degelijk geforceerd afsluiten (stap 1 t/m 4).

iOS

1. Druk tweemaal op de homeknop. Het beeld schuift omhoog en er verschijnt een rij icoontjes.
2. Tik op een van de iconen en houd uw vinger ingedrukt; nu verschijnen er minnetjes bij de iconen.
3. Tik op het minnetje naast het icoon om het af te sluiten. De rij schuift op en u kunt de handeling herhalen bij de andere apps.
4. Klaar met het afsluiten van apps? Druk nogmaals op de homeknop om naar het startscherm terug te keren.

Apps verwijderen

Als u een app niet meer gebruikt, kunt u deze eenvoudig verwijderen.

iOS

1 Tik op het icoon van de app die u wilt verwijderen en houd uw vinger ingedrukt.

2 De icoontjes gaan nu heen en weer bewegen en er verschijnt een zwart kruisje bij de apps die u kunt verwijderen. Druk op dat kruisje en de app verdwijnt.

Multitasken

U kunt op de iPad meerdere apps tegelijk gebruiken. U luistert bijvoorbeeld muziek, terwijl u uw e-mail controleert (stap 1 t/m 4).

iOS

1 Start eerst de eerste app, bijvoorbeeld iTunes om muziek af te spelen.

2 Druk de homeknop in om terug te keren naar het beginscherm.

3 Kies de tweede app waarmee u wilt werken.

4 Om terug te schakelen naar de eerste app, drukt u twee keer achter elkaar de homeknop in. In de balk die nu onderaan verschijnt, kunt u deze app kiezen.

Tip

Volledig uitschakelen

Wilt u de tablet volledig uitschakelen (dus niet stand-by), bijvoorbeeld omdat de iPad niet stabiel is of traag werkt? Druk op de aan-uitknop en houd deze ingedrukt. Verplaats de schuif van links naar rechts om de iPad uit te schakelen.

3.2h Mappen maken

Na verloop van tijd kan het startscherm flink gevuld raken. U kunt apps dan groeperen in mappen om uw startscherm overzichtelijk te houden.

iOS

1 Tik op de app die u in een groep wilt plaatsen en houd deze vast tot het icoon begint te trillen.

2 Sleep de app naar een andere app die u in dezelfde groep wilt plaatsen en laat hierboven los. Er wordt nu een nieuwe groep aangemaakt.

3 Er wordt automatisch een naam toegekend aan de map, deze kunt u aanpassen door op de mapnaam te tikken en de gewenste naam in te voeren.

3.2i Zoekfunctie

De iPad kent een krachtige zoekfunctie, waarmee u apps, bestanden, contactpersonen, afspraken, e-mail en instellingen kunt vinden. Schuif in het startscherm naar links; nu verschijnt het zoekvenster. Typ vervolgens het item in waarnaar u op zoek bent. De resultaten worden direct getoond. Het pictogram aan de linkerkant van elk item geeft aan om welk type item het gaat.

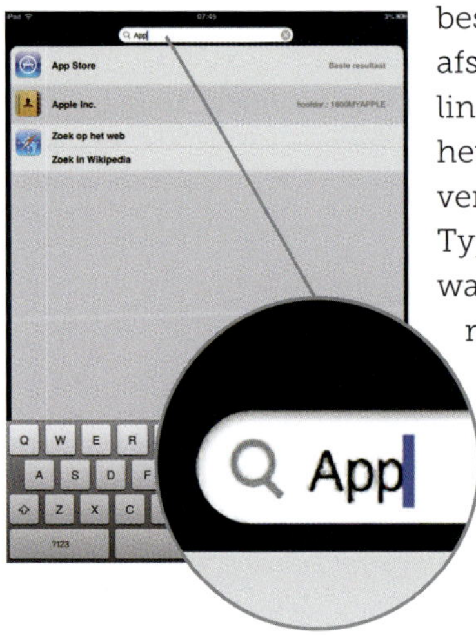

3.3 Android

3.3a Fysieke knoppen

Uw Android-tablet heeft maar een paar fysieke knoppen. Meestal niet meer dan een aan-uitknop en een volumeknop. De meeste functies voert u uit via het aanraakscherm. Omdat er veel verschillende tablets zijn die op Android draaien, verschilt het aantal fysieke knoppen per model.

3.3b Vergrendelingsscherm

Schakelt u de tablet in, dan verschijnt het vergrendelingsscherm. Het geeft belangrijke informatie (bijvoorbeeld tijd) weer en fungeert als beschermingsmechanisme voor toegang tot de tablet. Er is standaard geen beveiliging ingeschakeld; u kunt de tablet eenvoudig ontgrendelen door een veeggebaar te maken. U kunt zelf een pincode of patroon instellen om de toegang tot uw tablet te beschermen. Meer informatie over het beveiligen van uw Android-tablet leest u in par. 10.3b.

Installatiewizard

De allereerste keer dat u de tablet inschakelt, moet u een aantal basisinstellingen voor het apparaat opgeven. Welke wizard u te zien krijgt, is afhankelijk van het type tablet. Synchronisatieopties zijn standaard ingeschakeld. Heeft u daar geen behoefte aan, schakel de optie dan tijdig uit. U kunt haar later altijd opnieuw inschakelen.

3.3c Startscherm

Zodra u voorbij het vergrendelingsscherm bent, komt u op het startscherm terecht. Vanaf hier heeft u toegang tot apps, bestanden en instellingen.

Statusbalk

De statusbalk vindt u rechts onderin, met onder meer de tijdweergave en pictogrammen van geopende apps. Als u eenmaal op de statusbalk tikt, opent u een venster met gedetailleerde informatie over de tablet: is hij met internet verbonden, welke instellingen zijn actief en welke meldingen heeft u recent ontvangen? Een reeds gelezen melding kunt u uit dit venster verwijderen door een horizontale veegbeweging over de melding te maken. Dit venster geeft ook toegang tot het onderdeel *Instellingen,* waar u de instellingen van uw tablet aan kunt passen (zie ook par. 4.2).

Hoofdscherm

Op het hoofdscherm vindt u uw favoriete apps en widgets, u kunt zelf bepalen welke apps u er plaatst. Als het hoofdscherm vol is, kunt u apps op één van de andere startschermen plaatsen. U kunt ook een overzicht van alle geïnstalleerde apps oproepen via de knop rechtsboven in het startscherm.

Een nieuw startscherm

Android-tablets hebben meerdere startschermen die u kunt vullen met apps en widgets (zie par. 3.3g), meestal vijf. Het verplaatsen van apps naar een nieuw startscherm is heel eenvoudig.

Android

1 Tik op het icoontje van de app en houd uw vinger ingedrukt, totdat bovenin een menubalk verschijnt.

2 Versleep het pictogram naar de knop *Nieuw*.

3 Er wordt een nieuw startscherm geopend en het icoon wordt op het nieuwe startscherm geplaatst.

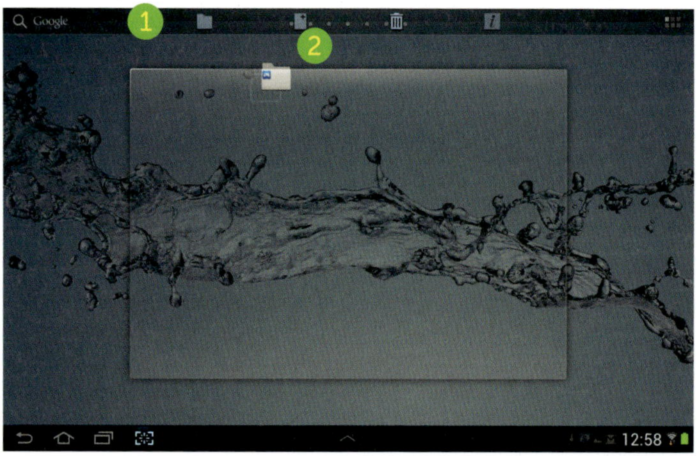

Navigatieknoppen

Links onderin vindt u een rij navigatieknoppen. Met de knop uiterst links keert u terug naar het voorgaande scherm, of u nu in een programma of in een pop-upvenster zit. Soms verandert deze knop van functie, bijvoorbeeld als het schermtoetsenbord verschijnt. De knop toont dan een pijl die naar beneden wijst. Tik erop om het schermtoetsenbord te sluiten.

De knop met het teken van een huis brengt u terug naar het startscherm. Als u op de taakknop daarnaast drukt, wordt een overzicht van geopende apps zichtbaar, waarmee u eenvoudig tussen verschillende apps kunt schakelen. Tik op een app om deze te openen.

Tip

Uw eigen gebruikersomgeving
U kunt uw gebruikersomgeving een persoonlijke tint geven. Meer informatie daarover vindt u in par. 4.2.

3.3d Het schermtoetsenbord

Bij Android-tablets verschijnt het schermtoetsenbord automatisch als u iets moet typen, bijvoorbeeld een e-mail. Het is belangrijk dat u het toetsenbord instelt op de juiste taal.

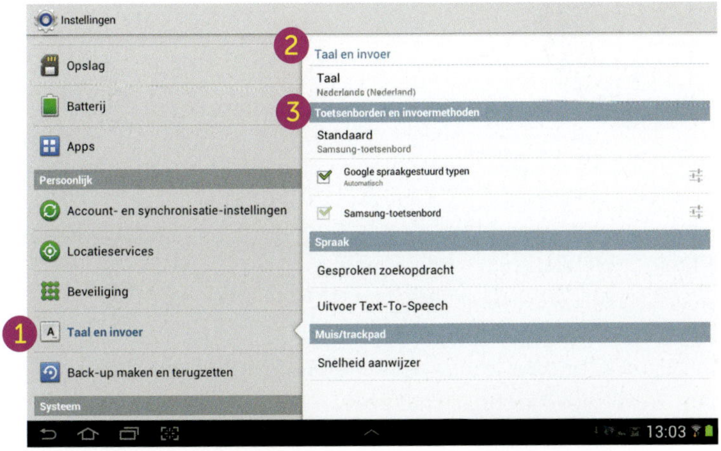

Android

1. Ga naar *Instellingen* en tik op *Taal en invoer*.

2. Druk op *Taal* en selecteer de taal waarin u wilt typen. De fabrikant levert meestal meerdere toetsenborden aan.

3. Als u meerdere toetsenborden in wilt stellen, kunt u dat doen in de sectie *Toetsenborden en invoermethoden*. U kunt ze op een later moment snel oproepen.

Emoticons
Naast de spatiebalk vindt u een aparte knop waarmee u emoticons kunt invoegen.

Android

1 Tik op het pictogram van het toetsenbord in de statusbalk.

2 Nu verschijnt een overzicht van beschikbare toetsenborden. Kies het toetsenbord waarmee u wilt werken.

Schakelen tussen toetsenborden

U kunt binnen Android eenvoudig schakelen tussen verschillende toetsenborden.

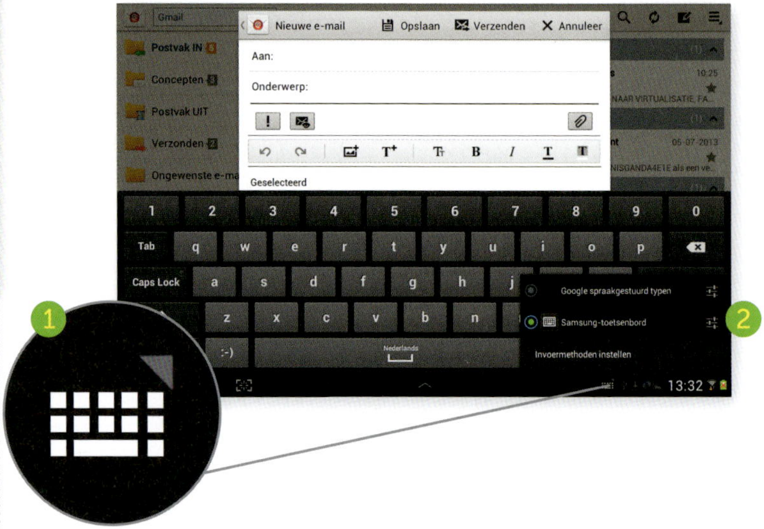

Ook als u de spatiebalk lange tijd indrukt, kunt u kiezen voor een andere taal. Zo kunt u snel schakelen tussen twee talen. Handig als u bijvoorbeeld Engels en Nederlands door elkaar gebruikt.

Vegen om te typen

In plaats van losse letters aan te tikken en zo een tekst te typen, kunt u ook gebruikmaken van een veegbeweging. Of deze functie beschikbaar is, is afhankelijk van de tablet die u gebruikt. De werking is eenvoudig en effectief: glijd met uw vingers over de letters van het woord dat u wilt typen. Android herkent de route van de vinger en voegt het woord in. Deze werkwijze is meestal vrij accuraat en kan sneller werken dan één voor één de letters aan te tikken.

Selecteren, knippen en plakken

De kans is groot dat u soms een stuk tekst moet selecteren en kopiëren, om het ergens anders te plakken. Dit kan op de meeste Android-tablets, al vergt het wellicht wat oefening.

Van handgeschreven naar getypt

Wilt u in plaats van te typen, uw letters tekenen? Tik dan op de knop met de stift. Er verschijnt een tekenvlak waarop u de letters kunt tekenen. Ze worden automatisch omgezet naar getypte letters. Door op de knop met het toetsenbord te tikken, gaat u terug naar het toetsenbord.

Tip

Voorlezen

U kunt, in plaats van typen, ook de tekst dicteren. Als u op de toets met de microfoon tikt schakelt de tablet over naar de dicteermodus. Spreek rustig en articuleer duidelijk. De tekst wordt door Android omgezet naar getypte tekst. Zorg ervoor dat u tijdens het inspreken verbinding heeft met internet, dan worden er meer woorden herkend en werkt de herkenning beter.

Android

1 Tik op het stuk tekst dat u wilt selecteren en houd uw vinger ingedrukt. Er verschijnt aan beide kanten van het woord een symbool.

2 Versleep zowel de linker- als de rechterschuif, zodat de gewenste tekst wordt geselecteerd. In de balk die bovenin is verschenen, kiest u voor *Knippen*, of *Kopiëren*. De tekst wordt gekopieerd naar het klembord (tijdelijk geheugen) en blijft hierin opgeslagen totdat u deze oproept.

3 Wilt u in één keer de hele tekst selecteren, kies dan voor *Alles selecteren*.

4 Om de tekst weer in te voegen, tikt u op de plek in de tekst, totdat een pop-upvenster verschijnt. Kies nu voor *Plakken*. De tekst wordt geplaatst op de plek die u met uw vinger heeft aangegeven.

Android

1 Ga naar *Instellingen*, kies in de categorie *Draadloos en netwerk* voor *Wi-Fi*.

2 Nu verschijnt een overzicht van beschikbare draadloze netwerken. Door op *Scannen* te drukken, verschijnt een overzicht van beschikbare draadloze netwerken.

3 Tik op het netwerk waarmee u verbinding wilt maken en geef, indien nodig, het wachtwoord op.

4 Via *Geavanceerde opties weergeven* kunt u aanvullende opties instellen.

5 Wilt u dat er melding wordt gemaakt als er een open netwerk beschikbaar is? Zet dan het vinkje achter *Netwerkmelding* aan.

6 Stel in of wifi ingeschakeld blijft als de tablet in de sluimerstand staat.

3.3e Verbinding maken met wifi

Over het algemeen zult u via uw tablet verbinding maken met een wifiverbinding (u kunt ook een data-abonnement afsluiten, zie par. 2.5a). Volg daarvoor het hierna volgende stappenplan.

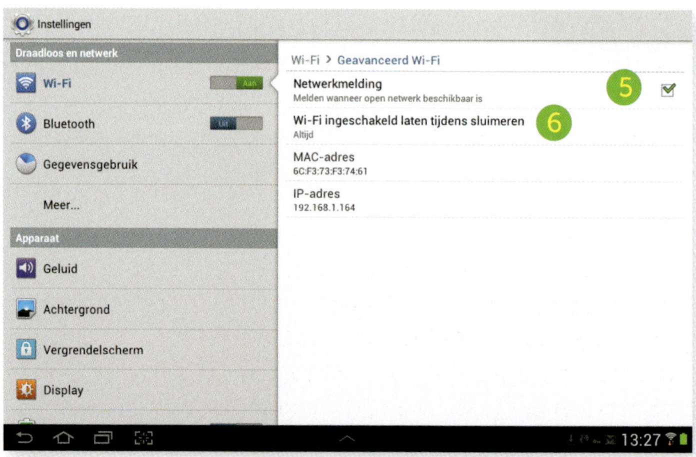

Publieke netwerken

Op publieke plaatsen, zoals hotels of luchthavens, is vaak wifi beschikbaar. Kies altijd voor het netwerk dat u bijvoorbeeld van de receptie heeft doorgekregen. Bij het verbinding maken met wifi voert u de aanmeldingsgegevens in. De verbinding is meestal beveiligd, maar u doet er verstandig aan voorzichtig te zijn met uw gegevens.

3.3f Een Google-account aanmaken

Om optimaal gebruik te maken van een Android-tablet, maakt u gebruik van een Google-account. Deze account geeft u toegang tot de Google Play Store en zorgt ervoor dat uw instellingen worden gesynchroniseerd. Via onderstaand stappenplan kunt u snel een Google-account aanmaken. Dit gaat het gemakkelijkst via uw computer.

Gmail-account

Heeft u al een Gmail-account, dan hoeft u deze stappen niet te doorlopen. U gebruikt uw Gmail-account tijdens het aanmelden in de Google Play Store.

Google

1 Ga naar google.nl en klik rechtsboven op *Inloggen*.

2 Klik rechtsboven op de knop *Aanmelden*.

3 Vul uw gegevens in. Wees zorgvuldig bij het kiezen van uw gebruikersnaam, deze wordt namelijk ook uw Gmail-adres. Google controleert automatisch of de door u gekozen gebruikersnaam nog vrij is.

4 Kies een sterk wachtwoord. De indicator geeft aan hoe sterk uw wachtwoord is.

5 Kies of u Google als uw startpagina in wilt stellen. Vink het vakje voor *Ik ga akkoord met de Servicevoorwaarden en het Privacybeleid van Google* aan. Via de opties *Servicevoorwaarden* en *Privacybeleid* kunt u de voorwaarden lezen.

3.3g Apps en widgets

Meer apps downloaden

Uw Android-tablet is meestal standaard uitgerust met een flinke hoeveelheid apps. U kunt eenvoudig meer apps toevoegen via de Google Play Store. Er zijn gratis en betaalde apps (zie hoofdstuk 9). In de Google Play Store kunt u alleen met creditcard betalen.

Widgets

Naast apps kunt u op Android-tablets ook widgets gebruiken. Dit zijn compacte vensters die informatie weergeven, bijvoorbeeld het weer of het laatste nieuws. In tegenstelling tot apps, hoeft u bij widgets niet eerst een programma te openen om de informatie te zien. U kunt meerdere widgets in het startscherm plaatsen. Zo heeft u bijvoorbeeld in één oogopslag zicht op de laatste nieuwsberichten, aandelenkoersen en e-mails.

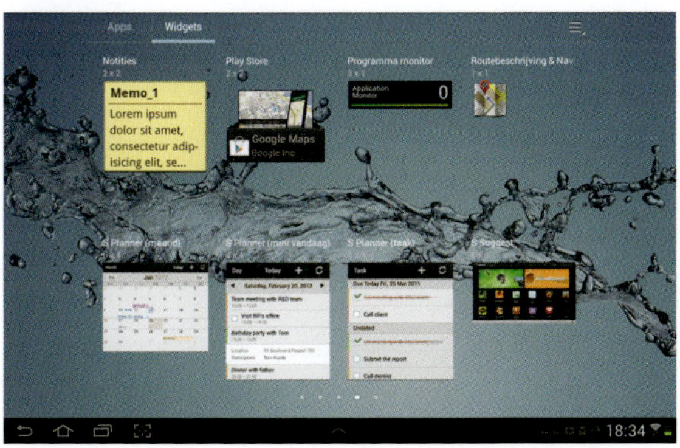

6 De optie *Google mag mijn accountgegevens gebruiken om +1's voor inhoud en advertenties op niet-Google-websites te personaliseren* kunt u uitschakelen.

7 Vervolgens kunt u een profielfoto toevoegen, maar dat is niet verplicht.

8 Klik op *Aan de slag* om het scherm af te sluiten. Met uw gebruikersnaam en wachtwoord kunt u op uw tablet inloggen bij de Google Play Store.

U kunt een widget of app eenvoudig aan het startscherm toevoegen. Tik in het overzicht op het icoontje ervan en houd het ingedrukt. Het startscherm wordt geopend en het onderdeel wordt geplaatst. Zorg er wel voor dat er voldoende ruimte op het startscherm beschikbaar is.
Als er geen ruimte is, opent u eerst een scherm waar wel plaats is en probeert u het opnieuw. U kunt apps of widgets altijd nog verplaatsen. Tik op het onderdeel en houd uw vinger op het scherm. Versleep het pictogram naar de nieuwe locatie.

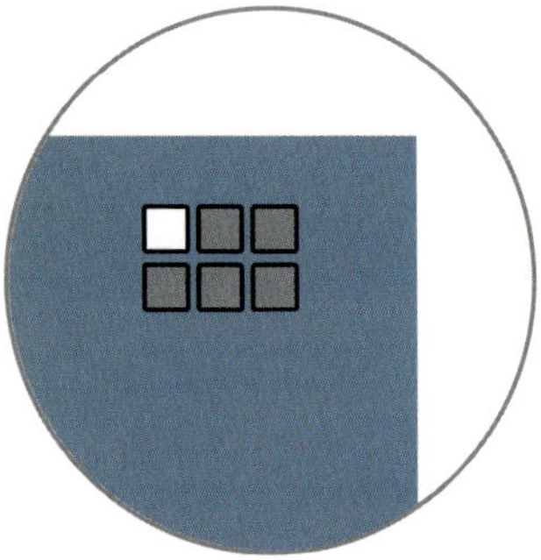

Overzicht van apps en widgets

Via de knop rechts bovenin roept u een overzicht op van alle apps en widgets. Het scherm is opgebouwd uit twee tabbladen: op het eerste vindt u een overzicht van alle apps, op het tweede een overzicht van alle widgets. De apps en widgets staan over meerdere schermen verdeeld; door een horizontale, vegende beweging te maken, kunt u ze allemaal zien.

Menuknop

Afhankelijk van welke app u gebruikt, vindt u rechtsboven in het scherm de menuknop. Via deze knop heeft u toegang tot de aanvullende instellingen van de specifieke app. Ook het overzicht van apps en widgets bevat een menuknop. Deze geeft u onder meer toegang tot de Google Play Store. U doet er verstandig aan in elke app te kijken naar de menuknop en de opties te doorlopen, zo krijgt u snel een beeld van de beschikbare mogelijkheden.

Apps en widgets verwijderen

Bevat het startscherm een of meer apps of widgets die u niet gebruikt? Verwijder ze dan van het startscherm. Houd uw vinger op het scherm. Bovenin verschijnt een menu-

balk met acties. Versleep de app of de widget naar de knop met de prullenbak.
Nu is alleen de snelkoppeling verwijderd, de eigenlijke app blijft op de tablet staan. U kunt de hele app verwijderen via de Google Play Store.

Tip

App afsluiten
Uw Android-tablet zorgt zelf voor het beheer van apps. Apps hoeft u niet zelf af te sluiten als u er klaar mee bent. Dat kan natuurlijk wel, daarvoor gebruikt u de taakknop. Nu verschijnt een overzicht van de geopende apps. Als u een horizontale veegbeweging over een app maakt, wordt deze afgesloten.

Als u meerdere apps van hetzelfde type heeft, bijvoorbeeld voor het nieuws, kunt u mappen aanmaken om ze te verzamelen.

Android

1 Druk op de app die u aan de map wilt toevoegen en houd uw vinger ingedrukt. Bovenin verschijnt de menubalk.

2 Versleep de app naar de knop uiterst links, hij wordt in een nieuwe, naamloze map geplaatst.

3 Open de map en tik op *Naamloze map* om de naam te veranderen.

3.3h Zoekfunctie

Linksboven in het startscherm vindt u het zoekvak van Google. Hiermee zoekt u in uw apps, bestanden en op internet. Via het pictogram van de microfoon kunt u een gesproken zoekopdracht uitvoeren. De zoekresultaten worden rechts in het venster getoond.

Google Now voor Android 4.1 of hoger

Als u een tablet gebruikt met Android 4.1 of hoger is de zoekfunctie van Google vervangen door Google Now. Google Now is een intelligente zoekmachine; na een zoekopdracht wordt ook relevante informatie in aparte kaders getoond. Denk hierbij aan de weersvoorspelling, het actuele weer en gebeurtenissen in de buurt.

4

INSTELLINGEN AANPASSEN

Met uw tablet is meer mogelijk dan u misschien denkt. U kunt hem personaliseren, bijvoorbeeld met een eigen achtergrond en indeling. Welke mogelijkheden er zijn, leest u in dit hoofdstuk.

Kies uw eigen achtergrond, indeling en geluiden om de tablet te personaliseren

Tablets worden geleverd met een aantal standaardinstellingen. Daar hoeft u echter geen genoegen mee te nemen. Op alle tablets kunt u de gebruikersomgeving naar uw hand zetten, met bijvoorbeeld een eigen indeling, eigen geluiden en een eigen achtergrond.

4.1 iOS

Als het gaat om aanpassen van instellingen, zijn de mogelijkheden op de iPad relatief beperkt. In deze eenvoud schuilt ook meteen de kracht: de standaardinstellingen voldoen voor de meeste gebruikers.

4.1a Instellen als Fotolijst

Als u de iPad niet actief gebruikt, kunt u hem instellen als fotolijst. Hij laat dan afwisselend uw favoriete foto's zien. U kunt zelf bepalen hoe lang elke foto wordt getoond en op welke manier de overgang tussen foto's wordt gemaakt.

iOS

1 Ga naar *Instellingen* en kies *Fotolijst*.

2 Eerst bepaalt u de overgang, in het gelijknamige vak. Kies tussen *Overvloeien* of *Origami*. De eerste optie spreekt voor zich, de optie *Origami* laat foto's van de een in de ander vouwen en toont meerdere foto's tegelijk op het scherm.

3 Stel in hoe lang elke foto moet worden getoond. Standaard wordt elke drie seconden een nieuwe foto geladen, dit kunt u verhogen tot maximaal twintig seconden.

4.1b De achtergrond aanpassen

Geef uw iPad een eigen uitstraling door een achtergrond te kiezen voor het startscherm. U kunt kiezen uit een aantal standaardachtergronden, maar ook een eigen achtergrond selecteren.

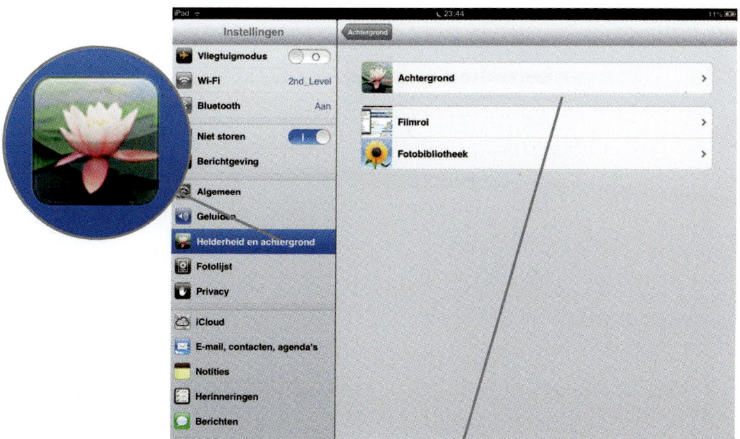

4 Er kan een lichte zoombeweging worden gemaakt. Zet het schuifje achter *Zoom in op gezichten* op 'aan'.

5 Als u het schuifje achter *Shuffle* aanzet, worden de foto's in willekeurige volgorde getoond. Anders wordt de volgorde van de foto's zelf aangehouden.

6 Geef aan welke foto's u wilt tonen. U kunt hierbij kiezen tussen *Alle foto's* en *Albums*. Bij die tweede optie kunt u zelf fotomappen selecteren.

iOS

1 Tik op *Instellingen* en kies voor *Helderheid en achtergrond*.

2 Tik op *Achtergrond*.

3 Tik nogmaals op *Achtergrond* als u wilt kiezen uit een set standaardachtergrondafbeeldingen. Tik op *Filmrol* als u een lokale foto van de iPad wilt kiezen. Tik op *Fotobibliotheek* als u foto's van andere apparaten wilt selecteren (bijvoorbeeld van een externe harde schijf).

iOS

1 Ga naar *Instellingen* en vervolgens naar de sectie *Geluiden*.

2 U kunt hier het algemene volume van de iPad regelen.

3 Stel in of u het algemene volume van de iPad aan wilt kunnen passen met de volumeknoppen aan de zijkant van de tablet.

4 U kunt het volume en het specifieke geluid instellen per actie.

5 Stel in of uw iPad een geluid afspeelt zodra deze vergrendeld wordt.

6 Bepaal of u geluid wilt horen tijdens het typen.

4.1c Geluiden aanpassen

De iPad heeft een aantal standaardgeluidsinstellingen. U kunt deze instellingen helemaal naar uw voorkeur aanpassen, zodat de tablet alleen een geluidsmelding geeft als u dat wilt.

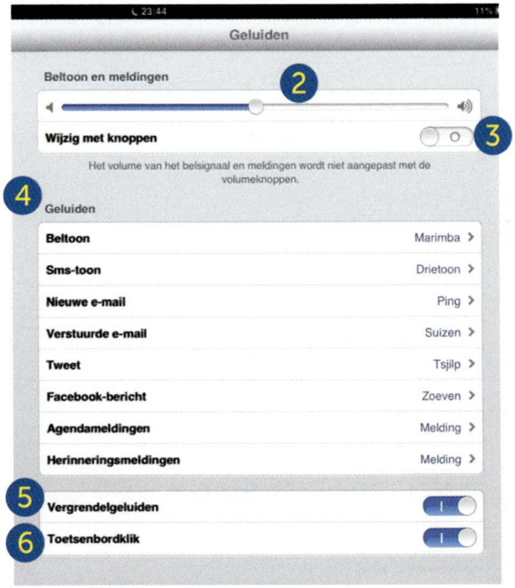

4.1d Toegankelijkheidsopties instellen

Uw iPad beschikt over toegankelijkheidsopties waardoor de tablet handiger in het gebruik wordt als u visuele of auditieve beperkingen heeft. U vindt deze opties onder *Instellingen, Algemeen, Toegankelijkheid*. U heeft snel toegang tot de toegankelijkheidsopties als u drie keer op de homeknop drukt.

- *VoiceOver*: alle tekst op het scherm wordt door een stem uitgesproken.
- *Zoomen*: hiermee kunt u inzoomen op bepaalde elementen van het scherm.
- *Grote tekst*: past de grootte van de schermtekst aan, zodat deze beter leesbaar is.
- *Keer kleuren om*: hiermee draait u het contrast om, zodat de tekst beter leesbaar is.
- *Spreek selectie uit*: als u dit heeft ingeschakeld, leest de iPad de tekst die u selecteert voor.
- *Spreek invultekst uit*: bij een typfout hoort u een geluidsmelding, waarna het voorgestelde woord automatisch wordt uitgesproken door de iPad.
- *Monogeluid*: schakel het gebruik van stereogeluid uit.

4.1e Updates installeren

Voor iOS verschijnen regelmatig updates. Het is belangrijk dat u de iPad bij de tijd houdt en de updates installeert.

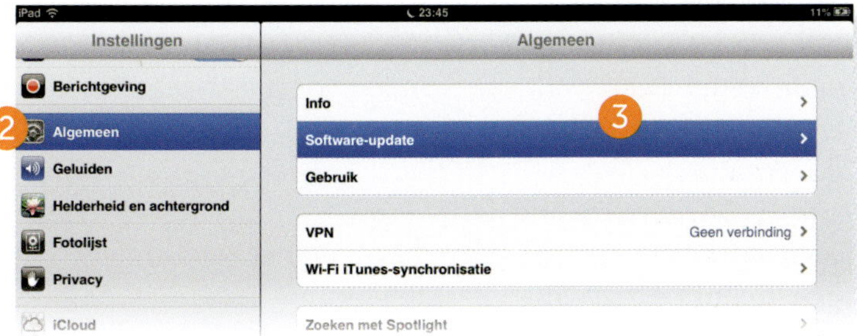

Tip

Bijwerken via iTunes

U kunt uw iPad ook bijwerken als u deze koppelt aan uw computer met iTunes. U kunt hierbij aangeven dat de update moet worden gedownload en geïnstalleerd. Dit proces verloopt iets sneller dan het uitvoeren van de update op de iPad zelf, vooral als uw computer een snellere internetverbinding heeft.

iOS

1 Als een nieuwe versie van iOS beschikbaar is, ziet u dit aan een rood rondje bij het pictogram *Instellingen*. Tik hierop om het instellingenmenu te openen.

2 Ga naar *Algemeen*.

3 Kies vervolgens voor *Software-update*. Uw iPad zoekt naar de update en geeft weer welke versie klaarstaat en welke verbeteringen zijn aangebracht in de nieuwe versie.

4 Tik op *Meer informatie* als u de gedetailleerde gegevens van de update wilt zien. Zo ziet u onder meer welke fouten zijn opgelost in de nieuwe versie. Klik op *Gereed* om dat venster te sluiten.

5 Tik op *Download en installeer* en volg eventuele instructies op die worden gegeven.

4.2 Android

U kunt uw Android-tablet tot in detail naar uw hand zetten, met onder meer een eigen geluidenset, persoonlijke achtergronden en een eigen indeling van het startscherm. De meeste onderdelen die u aan kunt passen, vindt u in het onderdeel *Instellingen*. Ze zijn onderverdeeld in verschillende categorieën, waarvan *Apparaat* het belangrijkst is bij het personaliseren van uw tablet.

4.2a De achtergrond aanpassen

De achtergrond van het startscherm en het vergrendelscherm kunt u afzonderlijk instellen

Android

1 Tik op *Instellingen* en ga naar *Achtergrond*.

2 Kies voor *Start- en vergrendelscherm* als u beide schermen dezelfde achtergrond wilt geven, kies voor *Startscherm* of voor *Vergrendelscherm* als u voor elk scherm een eigen achtergrond wilt instellen.

3 U kunt nu de afbeelding kiezen; u heeft daarbij keuze uit lokaal opgeslagen achtergronden en de fotogalerij.

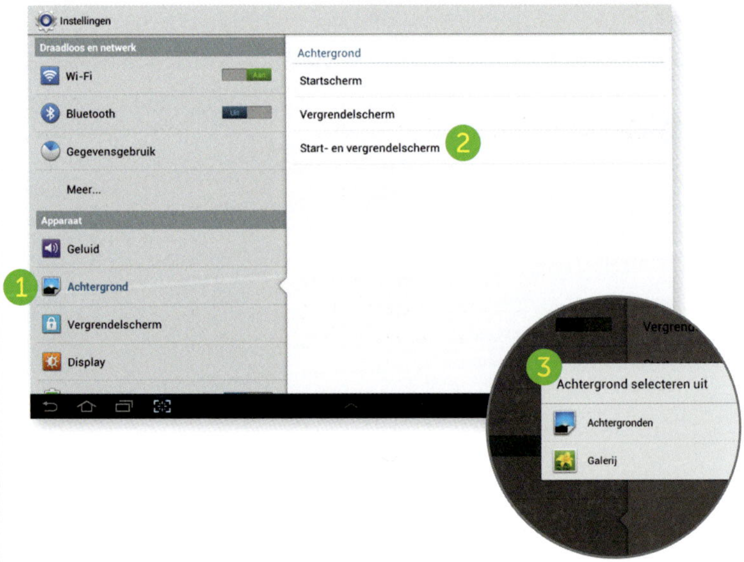

Live-achtergronden

Als u het startscherm onafhankelijk van het vergrendelscherm een andere achtergrond geeft, heeft u nog een derde optie: live-achtergronden. Dit zijn dynamische achtergronden, die continu in beweging zijn. Houd er wel rekening mee dat deze achtergronden de accuduur kunnen beïnvloeden, omdat ze meer energie vragen dan statische achtergronden.

4.2b Het geluid aanpassen

Wilt u bijvoorbeeld dat de tablet geluid maakt bij het typen of het signaal bij een melding aanpassen? Dat kan eenvoudig.

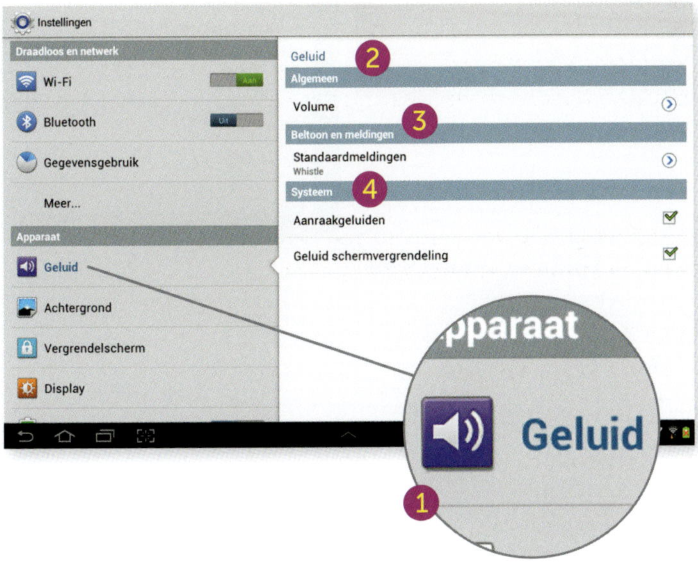

4.2c Het lettertype aanpassen

De mogelijkheid om een eigen lettertype en -grootte in te stellen, ligt min of meer verscholen.

Android

1 Ga naar *Instellingen* en vervolgens naar *Geluid*.

2 In de sectie *Algemeen* bepaalt u het volume van de tablet. U stelt hier het volume in voor muziek, video en andere media, notificaties, alarmen en algemene geluiden.

3 In de categorie *Beltoon en meldingen* stelt u het geluid voor standaardmeldingen in.

4 Bij *Systeem* geeft u aan of de tablet geluid moet maken als u een element op het scherm aantikt en of u geluid wilt horen bij het vergrendelen van het scherm.

Android

1 Ga naar *Instellingen* en vervolgens naar de categorie *Display*.

2 Tik op *Letterstijl* en kies een lettertype. Meer lettertypes vindt u door te kiezen voor *Lettertypes online ophalen*.

3 Tik op *Tekstgrootte* om de grootte van het lettertype te bepalen. Standaard is dit *Normaal*, maar u kunt het bijvoorbeeld verkleinen naar *Klein* of vergroten naar *Extra groot*.

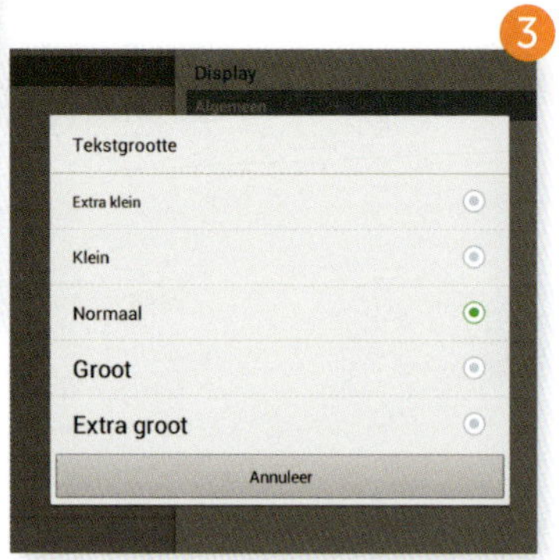

4.2d Updates installeren

Google brengt regelmatig updates voor Android uit. Wanneer deze beschikbaar zijn, is afhankelijk van de fabrikant van uw tablet. Het is belangrijk uw tablet up-to-date te houden en de updates te installeren.

Android

1 Als er een update voor uw Android-tablet beschikbaar is, vindt u deze bij de *Instellingen*, onder de categorie *Systeem*, bij *Toestel-info*.

2 Tik op *Software-update*.

3 Kies voor *Bijwerken* en volg de verdere instructies.

4 Kies voor de optie *Automatisch bijwerken* om nooit een update te missen. Wilt u op de hoogte worden gehouden van software-updates, plaats dan ook een vinkje bij *Serverbericht*.

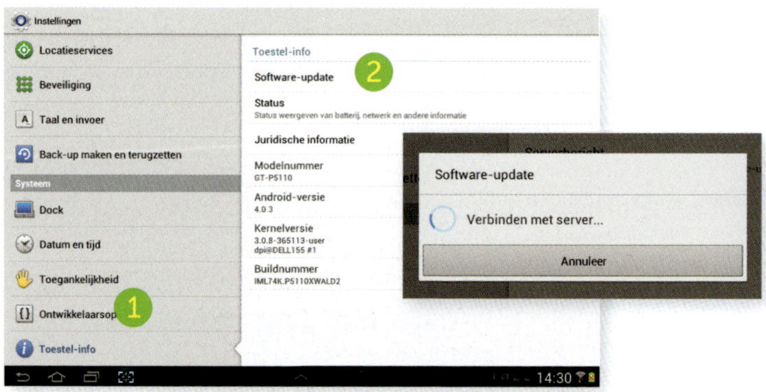

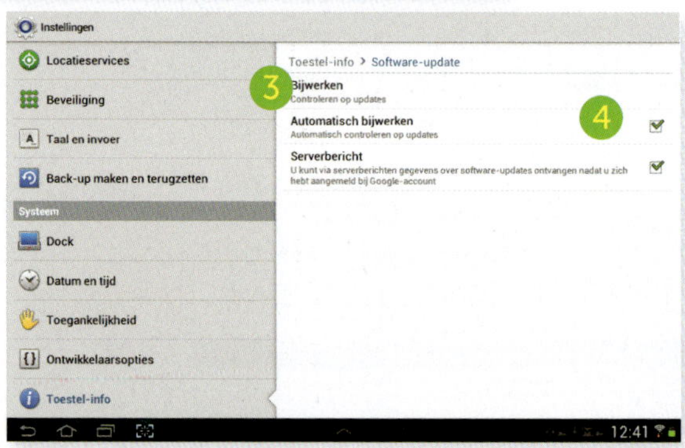

5

E-MAIL, AGENDA & CONTACTEN

Of het nu gaat om uw afspraken, de contactgegevens van familie en vrienden of het bijhouden van e-mail: de tablet is uw ideale metgezel. Het instellen van de juiste gegevens gaat eenvoudiger dan u wellicht denkt.

5.1 iOS

5.1a E-mail instellen

Met het ingebouwde programma Mail beheert u eenvoudig uw e-mail op de iPad. Mail ondersteunt verschillende aanbieders, waaronder accounts van iCloud, Microsoft Exchange, Gmail en Outlook.com. Prettig is dat de e-mailinstellingen meestal automatisch worden geconfigureerd. U hoeft dan alleen uw gebruikersnaam (het e-mailadres) en wachtwoord op te geven.
Heeft u een andere aanbieder, bijvoorbeeld uw internetprovider, dan kunt u deze ook in Mail opgeven. Hiervoor zijn meestal aanvullende gegevens nodig, zoals de naam van de server voor in- en uitgaande e-mail. Deze gegevens heeft u gekregen van de e-mailaanbieder. Mail ondersteunt meerdere e-mailaccounts, zodat u met uw tablet e-mail van alle accounts kunt beheren.
Het toevoegen van een account in Mail gaat heel eenvoudig.

iOS

1 Tik op *Instellingen* en ga naar *E-mail, contacten, agenda's*.

2 Kies *Voeg account toe*. Vervolgens kiest u de account die u wilt toevoegen. Staat uw account er niet bij? Kies voor *Anders*.

3 Mail vraagt nu om het e-mailadres en wachtwoord. Bij *Beschrijving* geeft u een compacte omschrijving van uw account op, bijvoorbeeld 'Zakelijke e-mail' of 'Privé e-mail'.

4 Tik op *Volgende*. Mail probeert de rest van de gegevens automatisch in te vullen.

5 Selecteer welke onderdelen van de dienst u wilt synchroniseren. De onderdelen die worden getoond zijn, afhankelijk van de gebruikte dienst, onder andere e-mail, contacten, agenda en notities.

6 Tevreden met de selectie? Bevestig door op *Bewaar* te tikken. De account wordt ingesteld.

Meer informatie

In de meeste gevallen heeft Mail voldoende aan de eerder opgegeven gegevens. Is dit niet het geval, dan wordt om aanvullende informatie gevraagd. Deze informatie heeft u gekregen van uw provider, maar ze is vaak ook te vinden op de website van de aanbieder.

Extra opties instellen

Mail biedt een grote hoeveelheid extra opties, waarmee u de iPad nog meer naar uw hand kunt zetten. Zo kunt u aangeven of er een voorbeeldweergave van elke mail moet worden getoond, of er automatisch een handtekening aan elke uitgaande e-mail moet worden toegevoegd en of externe afbeeldingen in de e-mail moeten worden geladen.

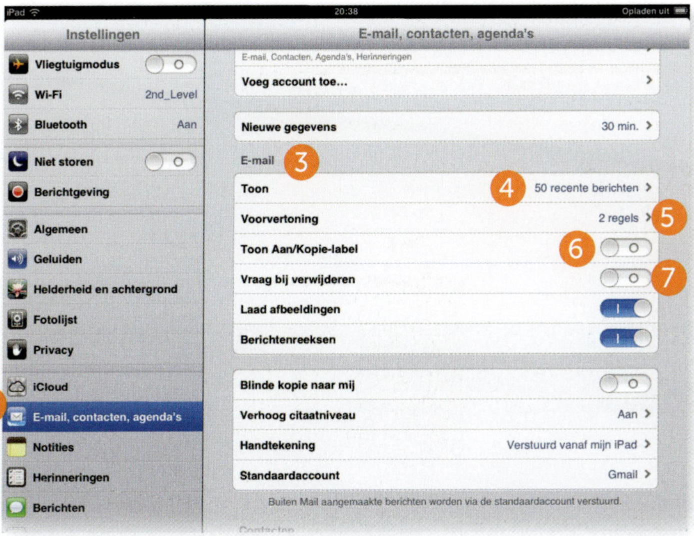

iOS

1. Tik op *Instellingen*.
2. Kies *E-mail, contacten, agenda's*.
3. In de sectie *E-mail* kunt u de extra opties instellen.
4. Bepaal hoeveel berichten worden getoond.
5. Geef aan hoeveel regels van een nieuw bericht moeten worden getoond voordat u het opent.
6. Wilt u dat de geadresseerde en eventuele ontvanger in de CC standaard worden getoond?
7. Moet Mail een bevestiging vragen bij het verwijderen van een bericht?

iOS

8 Geef aan of externe afbeeldingen in berichten moeten worden getoond.

9 Geef aan of berichten van dezelfde conversatie in één reeks (*thread*) moeten worden getoond.

10 Moet Mail standaard een blinde kopie van elk uitgaand bericht naar uzelf sturen?

11 Geef aan of citaten een ander niveau moeten krijgen dan uw eigen bericht.

12 Stel een handtekening in.

13 Heeft u meerdere e-mailaccounts, stel dan uw standaardaccount in.

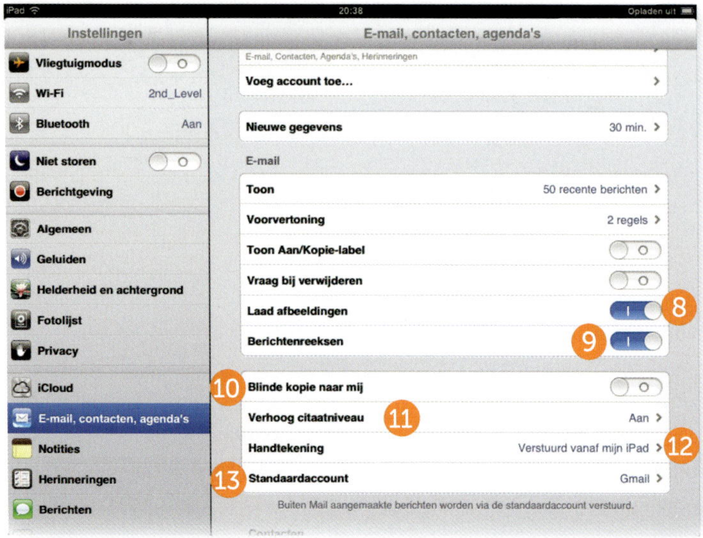

Verwijderen van server

Maakt u gebruik van e-mail via een POP3-server (zie de gegevens van uw e-mailaanbieder)? Zorg er dan voor dat de e-mail op de server na enige tijd wordt verwijderd. Als u dit niet doet, loopt de server vol en kunt u geen nieuwe e-mail meer ontvangen.

Tip

Mail binnenhalen

Op welke manier nieuwe e-mail (en andere gegevens, zoals contactpersonen en agenda-items) binnenkomt, bepaalt u zelf. Zo kunt u ervoor kiezen dat nieuwe items direct binnenkomen of instellen dat er op regelmatige tijdstippen op nieuwe items wordt gecontroleerd. Dit kunt u aangeven in de categorie *E-mail, contacten en agenda's* bij *Instellingen*. Onder *Nieuwe gegevens* kiest u of items direct moeten worden opgehaald (*Push*) of dat er op re-gelmatige tijdstippen moet worden gecontroleerd (elk >

kwartier, elk half uur, elk uur of handmatig). Via de optie *Geavanceerd* kunt u per account aangeven hoe er moet worden gesynchroniseerd. Zo kunt u privé-items bijvoorbeeld elk half uur laten binnenkomen, terwijl zakelijke items direct worden gemeld.

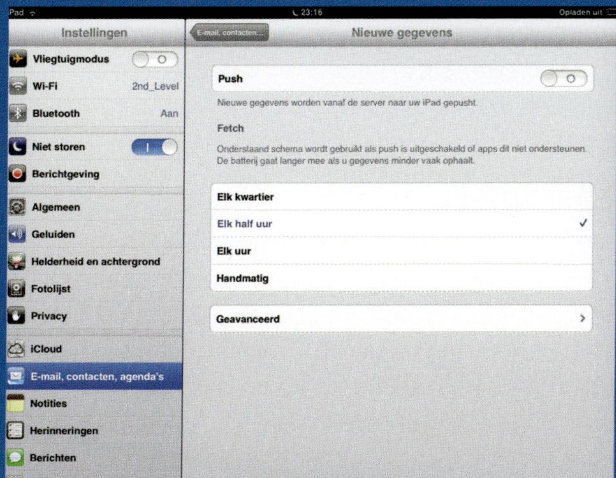

5.1b Werken met Mail

Mail heeft een eenvoudige opbouw en het werken met de app is dan ook relatief eenvoudig. Tik op het icoon van de Mail-app om te beginnen. Links in het venster ziet u een overzicht van uw postbussen (mappen). Zo is er de map *Inkomend*, waarin ontvangen berichten worden getoond. In de map *Verstuurd* vindt u verzonden berichten.

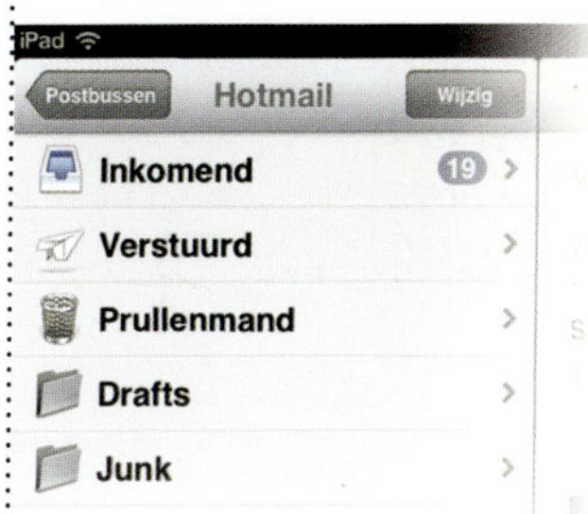

Nieuwe map

Een nieuwe map maak aan door te tikken op *Wijzig* (rechts bovenaan, naast de naam van de postbus). Tik vervolgens op *Nieuwe postbus* en geef deze de gewenste naam.

Tik op een map om deze te openen. Vervolgens tikt u op een bericht om de inhoud te zien. Deze wordt rechts in het venster getoond. Zodra u de mail heeft geopend, heeft u een aantal opties tot uw beschikking. Deze worden rechts boven in het venster getoond:

1 *Markeer*: met deze optie kunt u een bericht markeren. Dit is handig als u het bericht bijvoorbeeld op een later moment wilt afhandelen. Ook kunt u kiezen voor *Markeer als ongelezen*. Dit is handig als u het bericht kort heeft geopend, maar het op een later moment rustig wilt kunnen teruglezen.

2 *Verplaatsen*: nieuwe berichten komen standaard binnen in de map *Inkomend*. U kunt in Mail meerdere mappen aanmaken en zo uw berichten ordenen. Heeft u een bericht geopend en wilt u dit naar een andere map verplaatsen, dan tikt u op deze knop. Kies vervolgens de postbus waarnaar u de map wilt verplaatsen. Tik op *Annuleer* als u het bericht toch niet wilt verplaatsen.

3 *Verwijderen*: tik op deze knop als u het bericht wilt verwijderen.

4 *Reageren*: via deze knop kunt u het betreffende bericht beantwoorden, doorsturen of afdrukken. Als u het bericht afdrukt, kunt u een printer kiezen en aangeven hoeveel exemplaren er moeten worden afgedrukt.

Tip

Afdrukken

Met uw iPad kunt u documenten – zoals e-mail – afdrukken. Hiervoor moet uw printer wel *AirPrint* (een technologie van Apple waarmee u draadloos kunt printen) ondersteunen. Ondersteunt uw printer dat niet? Dan kunt u externe modules op de printer aansluiten, zodat u ook die printer kunt gebruiken. Een voorbeeld hiervan is de xPrintServer van Lantronics. Maar deze oplossingen zijn niet goedkoop.

Nieuw bericht

Wilt u een nieuwe mail opstellen? Tik op de knop *Nieuw bericht*. U vindt deze rechts bovenin. Vervolgens stelt u de e-mail op. Tik op het plusteken om een of meer geadresseerden toe te voegen. Druk op *Stuur* om het bericht te versturen en op *Annuleer* als u het bericht toch niet wilt versturen.

Berichten verwijderen

U kunt bestaande berichten verwijderen uit uw mailbox. Open de map waarin het bericht staat en maak met uw vinger een horizontale, schuivende beweging over het bericht dat u wilt verwijderen. Tik vervolgens op *Verwijder*.

5.1c Uw agenda bijhouden

Op de iPad is standaard de Agenda-app geïnstalleerd. Daarin kunt u gemakkelijk uw agenda bijhouden. Ook kunt u er meerdere agenda's op na houden, bijvoorbeeld een zakelijke, privé- en een gedeelde huishoudagenda.

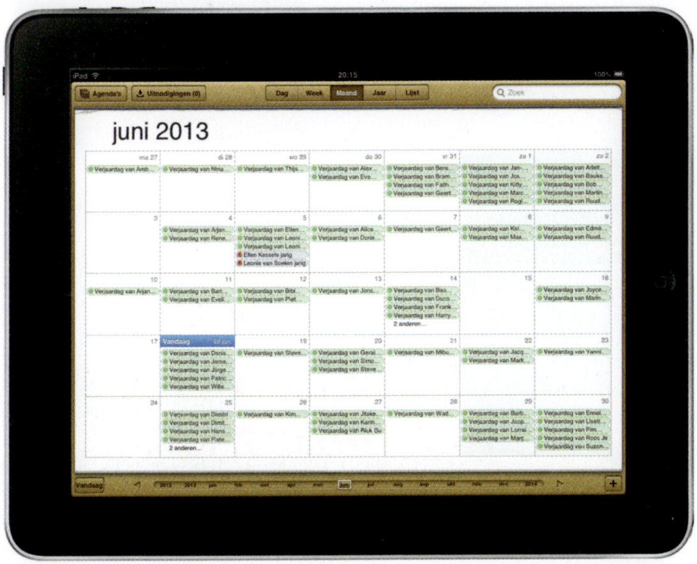

iOS

1 Tik op het icoon van de Agenda-app om hem te openen.

2 Tik op de knop *Agenda's* linksboven om te bepalen welke agenda's u wilt tonen.

3 De knop *Uitnodigingen* geeft een overzicht van ontvangen uitnodigingen. U kunt ontvangen uitnodigingen accepteren of weigeren. Eenmaal geaccepteerd, worden ze aan uw agenda toegevoegd.

4 Bepaal zelf hoe gedetailleerd de agenda moet worden getoond, via de knoppen *Dag, Week, Maand, Jaar* en *Lijst*.

5 Waar u zich ook in de agenda bevindt, met de knop *Vandaag* keert u snel terug naar de afspraken van vandaag.

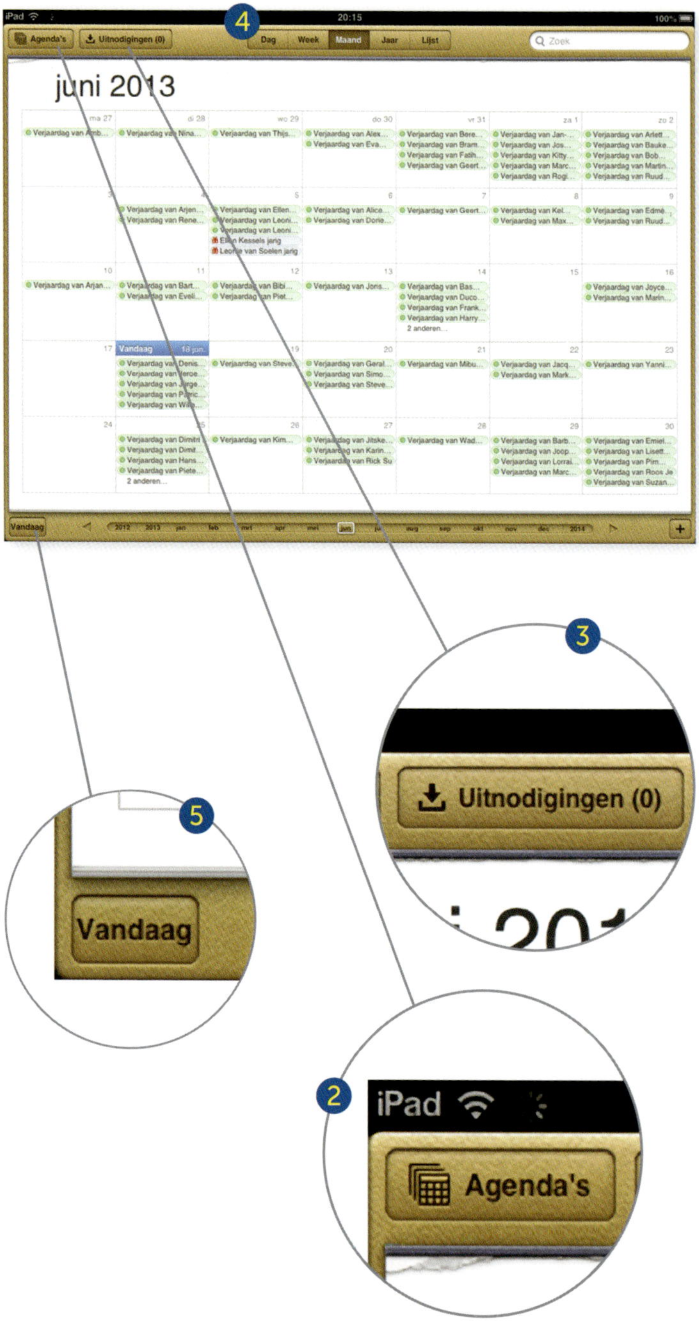

Tip

Snel zoeken

Bent u op zoek naar een specifieke afspraak? Gebruik dan de ingebouwde zoekfunctie rechts bovenin. Typ hier de naam of een ander uniek kenmerk van de afspraak. De zoekresultaten worden direct getoond. Tik vervolgens op een afspraak om de details te openen.

Tip

Synchroniseren

Uw iPad kan de afspraken synchroniseren, zodat u op meerdere apparaten (bijvoorbeeld ook uw smartphone) toegang heeft tot de laatste informatie.

Een nieuwe afspraak maken

Via de Agenda-app kunt u eenvoudig afspraken toevoegen (stap 1 t/m 9).

iOS

1 Tik op de knop *Nieuw*. Deze vindt u in het venster rechts onderin.

2 Nu verschijnt een pop-upscherm. Daar geeft u de naam van de activiteit en de locatie op.

3 In het vak eronder noteert u de begin- en eindtijd. Eventueel vult u de gegevens aan met de tijdzone.

4 Vindt de afspraak meerdere keren plaats? Kies dan de gewenste frequentie bij *Herhaal*, bijvoorbeeld elke dag, elke week, elke 2 weken, elke maand of elk jaar.

5 Bij *Genodigden* geeft u aan of er andere personen bij de activiteit betrokken zijn. U kunt deze selecteren in het adresboek. Deze personen krijgen automatisch een uitnodiging per e-mail.

6 Bij *Melding* stelt u in of u moet worden gewaarschuwd voor de komende afspraak.

7 Als u meerdere agenda's beheert, stelt u bij *Agenda* in in welke agenda de afspraak wordt gezet.

8 De status bij *Beschikbaarheid* geeft aan hoe u de afspraak inplant (bezet of vrij).

9 In de vakken *URL* en *Notities* kunt u respectievelijk een website opgeven of notities opnemen.

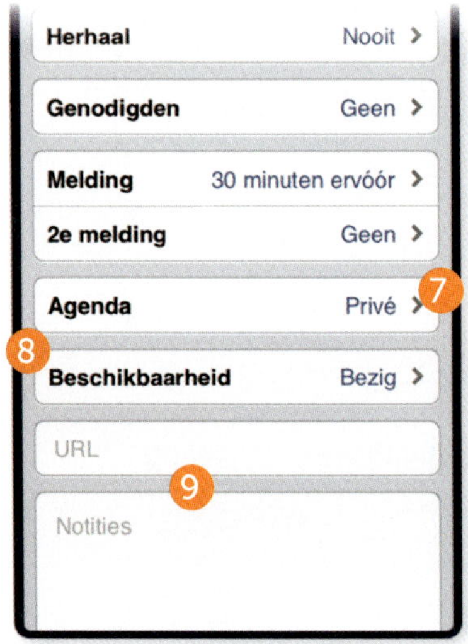

iOS

1 Ga naar *Instellingen*. Selecteer *E-mail, contacten, agenda's*.

2 Open de sectie *Agenda's*. Hier vindt u de aanvullende opties.

3 De iPad kan een bericht weergeven zodra u een nieuwe uitnodiging ontvangt.

4 Selecteer een tijdzone op basis waarvan afspraken in uw agenda worden getoond.

Aanvullende opties

U kunt het gedrag van de agenda tot in detail naar uw hand zetten. U vindt de extra opties in de sectie *Instellingen*.

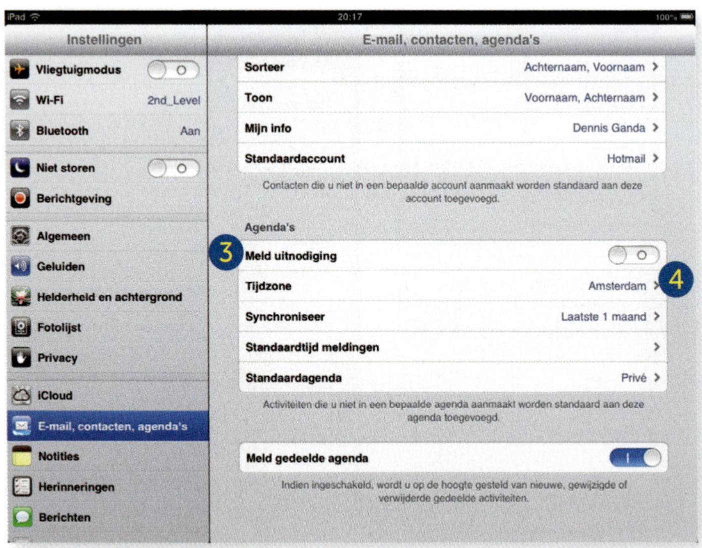

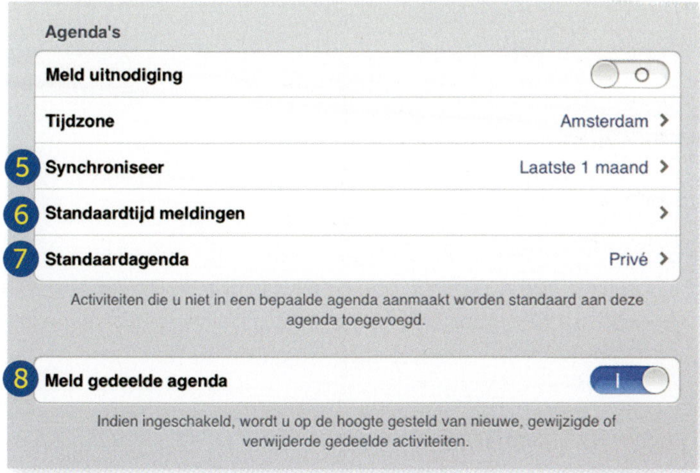

5 Bepaal hoeveel afspraken moeten worden gesynchroniseerd.

6 Voor bepaalde activiteiten, zoals verjaardagen, geeft de iPad een melding. Hier stelt u in wanneer deze moet verschijnen, bijvoorbeeld op de dag zelf of op de dag ervoor.

7 Selecteer hier de agenda die als standaardagenda moet dienen. Activiteiten die niet in een bepaalde agenda worden opgeslagen, worden automatisch in de standaardagenda geplaatst.

8 Als u gebruikmaakt van een gedeelde agenda, kunt u hier instellen of u een melding wilt ontvangen bij nieuwe, aangepaste of verwijderde activiteiten.

5.1d Contactpersonen beheren

Om uw contacten op de iPad te beheren, maakt u gebruik van de Contacten-app. Tik op het icoontje van Contacten om de app te openen. Aan de linkerzijde vindt u een overzicht van alle contacten, alfabetisch gerangschikt. U bepaalt zelf welke volgorde hierbij wordt aangehouden (zie het onderdeel 'Aanvullende opties' verderop voor informatie over het aanpassen hiervan). Tik op een letter om naar de betreffende categorie te gaan. Rechts vindt u de contactinformatie van de geselecteerde persoon. Niet alleen telefoonnummers en e-mailadressen, maar ook adressen of verjaardagen kunnen hier worden opgenomen. Onder de informatie vindt u een aantal actieknoppen.

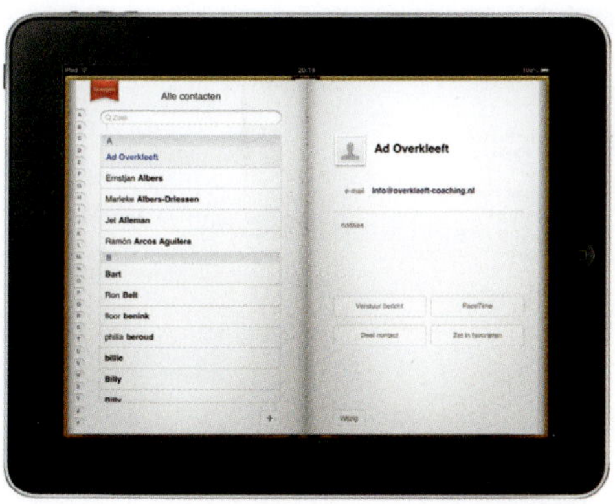

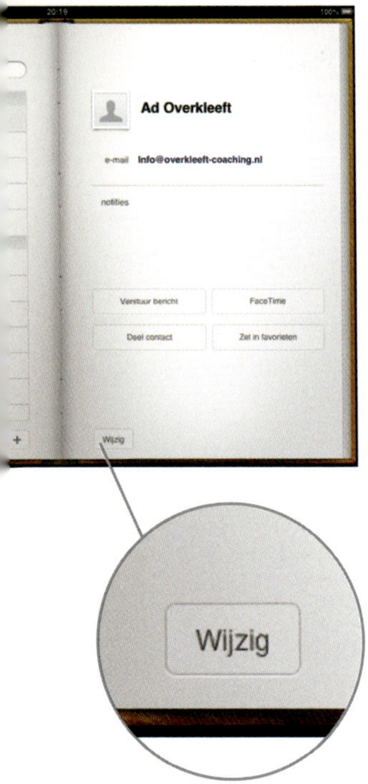

Hiermee kunt u op verschillende manieren met de persoon in contact komen:

- *Verstuur bericht*: tik op deze knop als u een bericht naar de contactpersoon wilt sturen. U kunt kiezen uit een tekstbericht (via iMessage) of een e-mail.
- *FaceTime*: start een FaceTime-sessie (videobellen) met de contactpersoon. Voorwaarde is wel dat de contactpersoon ook een Apple-apparaat heeft, anders kan de oproep niet beantwoord worden.
- *Deel contact*: via deze knop kunt u de gegevens van de geselecteerde persoon via e-mail of een tekstbericht delen met anderen.
- *Zet in favorieten*: heeft u vaak contact met een specifiek persoon? Voeg deze dan toe aan de favorieten. Favoriete contactpersonen worden in een eigen categorie geplaatst, waardoor ze makkelijker te vinden zijn.

Om gegevens van een contactpersoon aan te passen, tikt u op *Wijzig*. Voeg de veranderingen door en tik op *Gereed*. De gegevens zijn nu aangepast.

Nieuwe contactpersoon maken

Als u dit heeft aangegeven, haalt uw iPad zelf contactgegevens binnen van bijvoorbeeld uw e-mailaccount. De lijst is dan al aardig gevuld. Uiteraard kunt u ook contactpersonen toevoegen.

iOS

1 Tik op de knop *Nieuw* in het hoofdvenster. Er wordt een nieuw venster geopend, waarin u de contactpersoon kunt aanmaken.

2 Geef de basisgegevens, zoals voornaam, achternaam en eventueel bedrijfsnaam op.

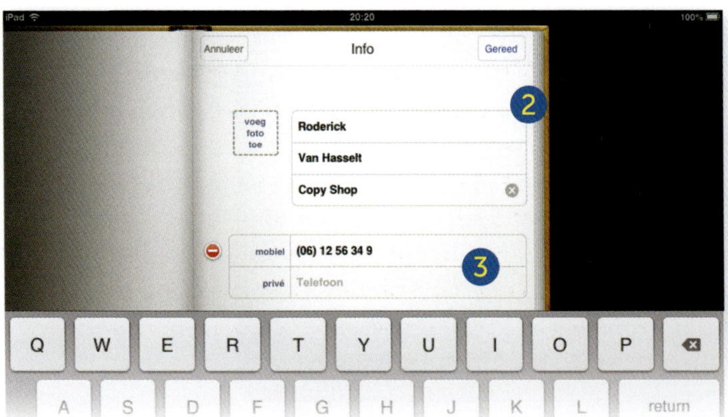

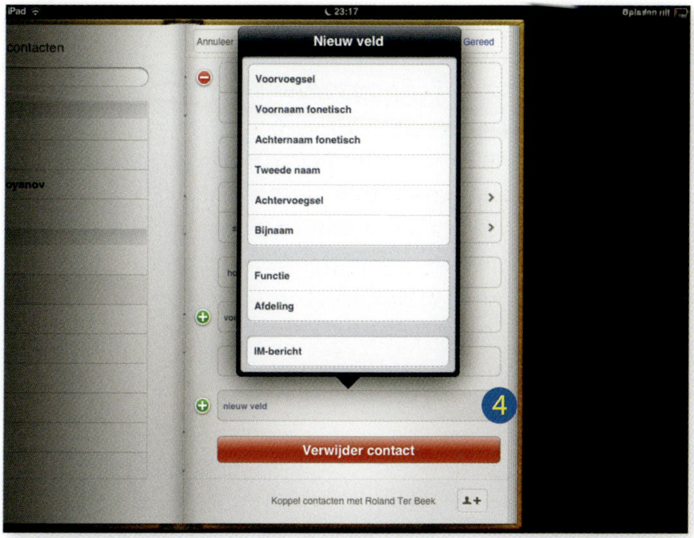

3 Voer u het mobiele nummer en het e-mailadres in.

4 Met de optie *Nieuw veld* kunt u informatie toevoegen waarvoor geen passend veld beschikbaar is.

Tip

Eigen toon

Standaard krijgen al uw contacten dezelfde toon, die klinkt als zij bellen via FaceTime of een bericht sturen via iMessage. Voor specifieke personen (bijvoorbeeld familieleden) kunt u een eigen toon voor bellen en berichten instellen.

Groepen selecteren

Als u meerdere e-mailaccounts op uw iPad gebruikt, heeft u mogelijk meerdere lijsten met contactpersonen. U bepaalt zelf welke lijsten worden gebruikt. Links bovenin kiest u voor *Groepen*, waarna een overzicht van beschikbare lijsten verschijnt. U kunt de lijsten waarvan u de contactpersonen wilt zien selecteren en u kunt meerdere lijsten tegelijkertijd selecteren. Wilt u geen contacten meer zien, dan kiest u voor *Verberg alle contacten.* Kies voor *Toon alle contacten,* als u juist alle lijsten wilt selecteren.

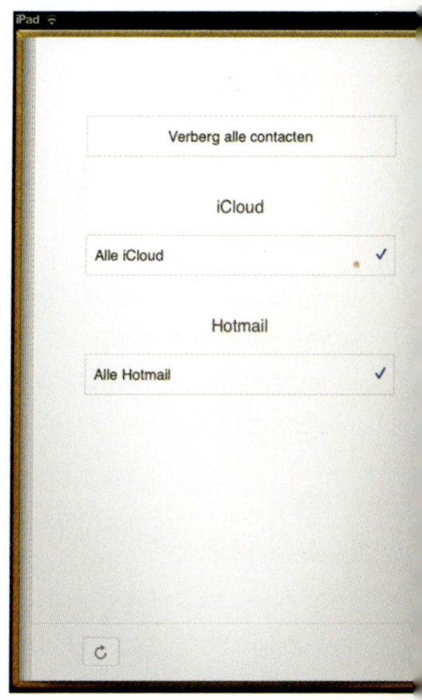

Contacten koppelen

Soms verschijnen er meerdere vermeldingen voor dezelfde persoon in uw contactenlijst. Dit kan bijvoorbeeld als u zelf een contactpersoon heeft aangemaakt en er daarnaast een vermelding is opgenomen nadat u een e-mail van de persoon heeft ontvangen. Dubbele vermeldingen voor dezelfde persoon zorgen ervoor dat de contactenlijst onoverzichtelijk wordt. Gelukkig is dit relatief eenvoudig te verhelpen.

iOS

1 Open de gegevens van de contactpersoon (gebruik hiervoor de vermelding die u als 'hoofdvermelding' wilt behouden).

2 Tik op *Wijzig*.

3 Tik op de knop *Koppel contacten met <contactpersoon>*. De gegevens worden nu samengevoegd.

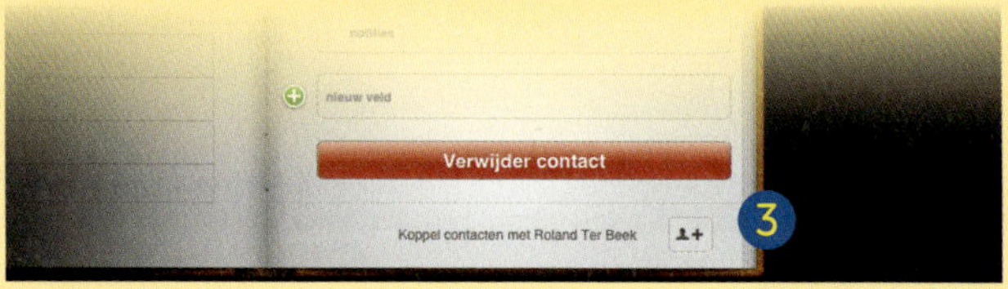

Aanvullende opties

Via het onderdeel *Instellingen* kunt u de extra opties voor contacten instellen.

iOS

1 Tik op *Instellingen*. Kies voor de sectie *E-mail, contacten, agenda's*.

2 Ga naar de sectie *Contacten*.

3 Bepaal hoe de contacten worden gesorteerd: Achternaam/Voornaam of Voornaam/Achternaam.

4 Bepaal hoe de contacten worden getoond: Achternaam/Voornaam of Voornaam/Achternaam.

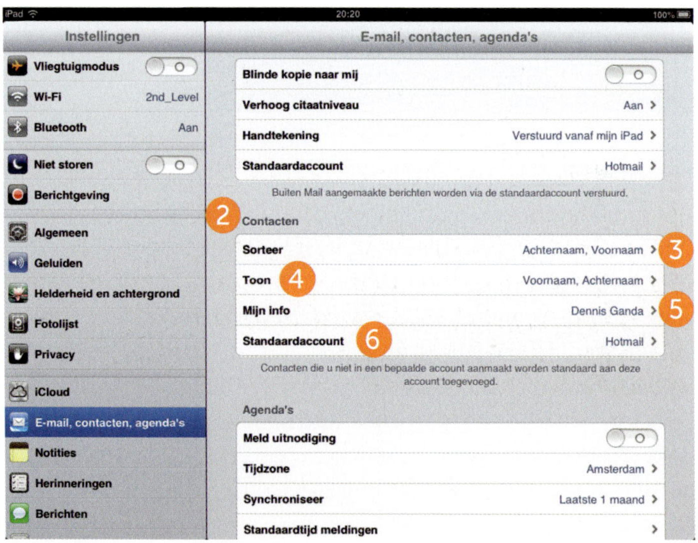

> **Niet alles synchroniseren**
> Wees terughoudend bij de synchronisatie van uw contactpersonen van verschillende diensten. Hoewel het eenvoudig is om de lijsten uit verschillende bronnen (zoals Facebook en Gmail) in één adresboek samen te voegen, kost het later scheiden van de gegevens aanzienlijk meer moeite. Als een van de adresboeken incomplete gegevens bevat, kunt u beter wachten met de synchronisatie en eerst het adresboek in kwestie opschonen.

5.2 Android

5.2a E-mail instellen

Op Android-tablets is standaard de app E-mail geïnstalleerd. De eerste keer dat u het programma opent, vraagt de tablet of u een e-mailaccount wilt instellen (stap 1 t/m 9).

5 Voer hier uw eigen contactgegevens in.

6 Stel een standaardaccount in. Een nieuw contact wordt automatisch aan deze account toegevoegd als u bij de aanmaak ervan geen specifiek account opgeeft.

Android

1 Geef uw e-mailadres en wachtwoord op. Tik op *Wachtwoord tonen*, zodat u uw wachtwoord kunt controleren.

2 De verdere accountgegevens, zoals de e-mailserver, worden automatisch opgehaald. Als dat niet lukt of als u de gegevens handmatig op wilt geven, tikt u op *Handm. instell.* U kunt nu de aanvullende accountgegevens zelf invoeren.

3 Tik op *Volgende*.

4 U moet nu aangeven hoe vaak er nieuwe mail moet worden binnengehaald, bijvoorbeeld om de 30 minuten of één keer per dag.

5 Standaard krijgt u een melding als er nieuwe mail binnenkomt. Wilt u dit niet, haal dan het vinkje weg bij *Stuur melding wanneer e-mail binnenkomt*.

6 Tik op *Volgende*. De informatie wordt opgeslagen.

7 Geef de e-mailaccount een passende naam.

8 Voer in welke naam moet worden getoond bij uitgaande e-mail.

9 Als u alles heeft ingevuld, tikt u op *Gereed*.

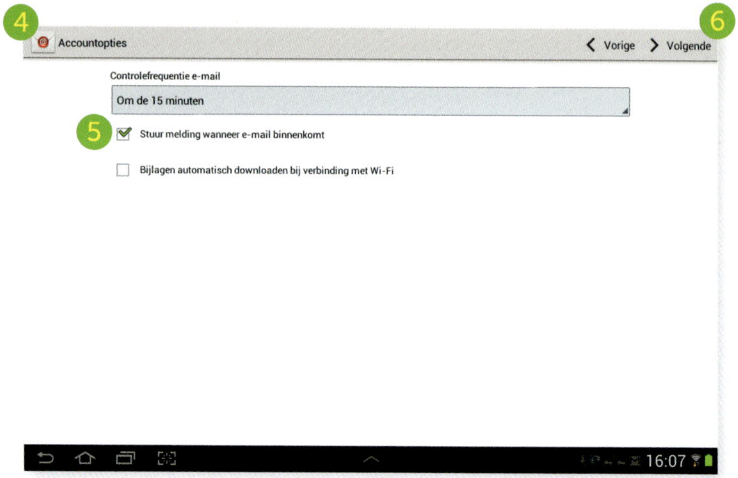

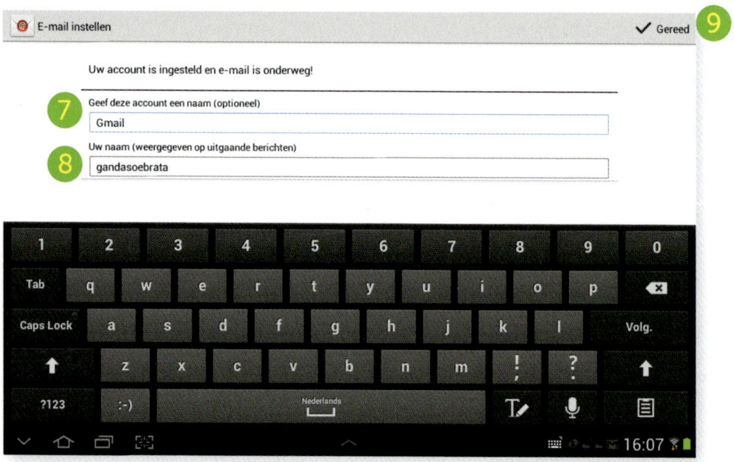

Tip

Automatisch bijlagen binnenhalen

Als de tablet gebruikmaakt van een wifinetwerk, kunnen bijlagen bij e-mails automatisch worden binnengehaald. Zet in de accountopties een vinkje bij de optie *Bijlagen automatisch downloaden bij verbinding met Wi-Fi* (zie stap 5 in voorgaand stappenplan).

App voor Gmail

Naast de app E-mail, is op Android-tablets vaak de Gmail-app geïnstalleerd. Deze is specifiek bedoeld voor het werken met Gmail. U hoeft deze app niet per se te gebruiken, u kunt Gmail ook lezen via de E-mail-app.

5.2b Werken met E-mail

De app E-mail heeft een overzichtelijke opbouw. Links vindt u de postvakken, zoals *Postvak IN* en *Ongewenste e-mail*. Tik op een map om deze te openen. De e-mail vindt u rechts in het venster. Tik vervolgens op een e-mail om het te openen. Om terug te keren naar het totaaloverzicht, tikt u op icoon van de envelop, links bovenin. Verder vindt u bovenin een zoekfunctie, waarmee u op zoek kunt gaan naar specifieke berichten. U kunt alle berichten doorzoeken of specifiek zoeken in de titel, afzender en datum. Om te controleren op nieuwe berichten, tikt u op *Vernieuwen*. Deze knop vindt u rechts naast het zoekvak.

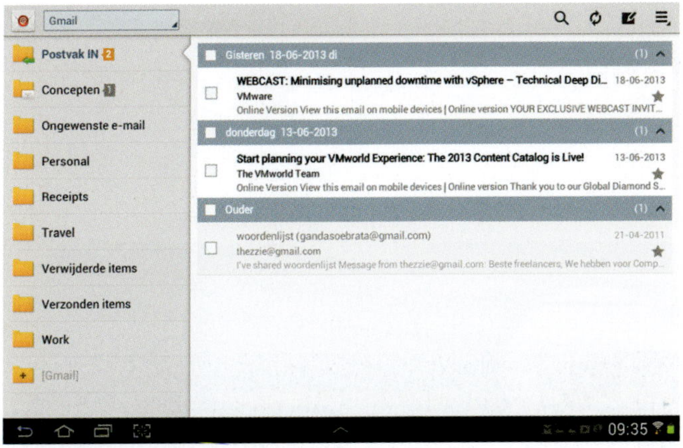

Nieuwe e-mail

Met de knop *Opstellen* (direct naast de knop *Vernieuwen*) stelt u een nieuwe e-mail op. Als u hier op drukt opent er een nieuw scherm.

Android

1 Geef de geadresseerde op of tik op de knop met het adresboekje om een persoon uit uw contactpersonenlijst te kiezen. Wilt u een persoon op de CC- of BCC-regel plaatsen, dan tikt u op de knop *+Cc/Bcc* om deze velden in te voegen. Als u het bericht ook naar uzelf wilt sturen, tikt u op *+Ik*.

2 Typ het onderwerp van de e-mail.

3 Schrijf de tekst.

4 Stel de prioriteit van uw bericht in.

5 Voeg, indien gewenst, een bijlage toe.

6 Als u het bericht later wilt versturen, drukt u op *Opslaan*. Het wordt dan in *Concepten* opgeslagen.

7 Om uw e-mail te versturen, tikt u op *Verzenden*.

8 Wilt u uw bericht verwijderen, druk dan op *Annuleer*.

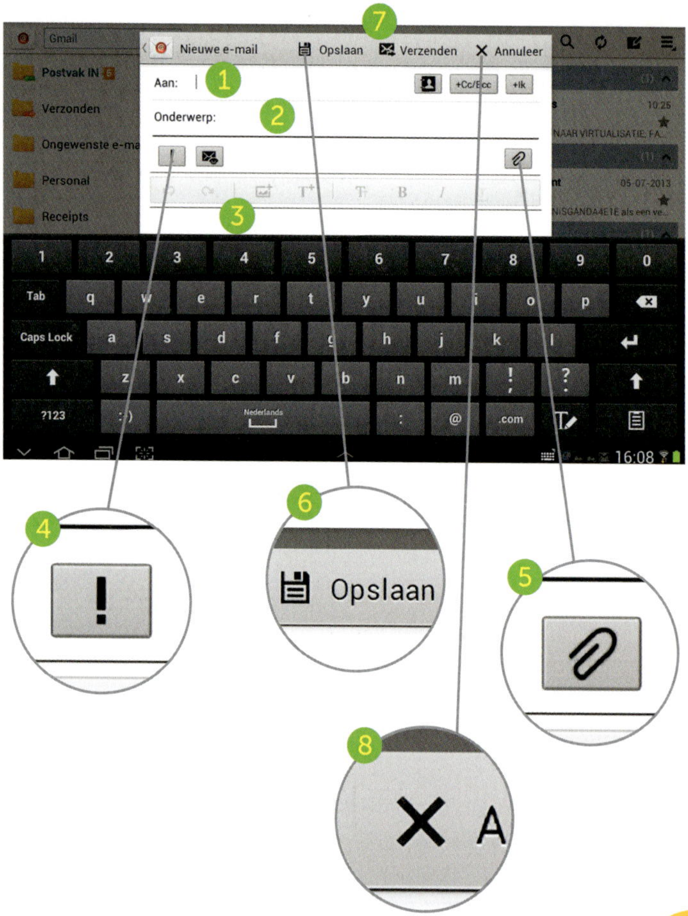

Tip

Volgopties

Met de volgopties van de E-mail-app krijgt u meer controle over uw e-mail. U kunt deze opties instellen voor het verzenden van een bericht. U kunt bijvoorbeeld vragen om een leesbevestiging; dan krijgt u een melding als het bericht is gelezen. U kunt ook kiezen voor een ontvangstbevestiging; dan krijgt u een melding als het bericht is ontvangen.

Tip

Sorteren op

De e-mail wordt standaard gesorteerd op volgorde van binnenkomst, maar u kunt dit aan uw eigen voorkeur aanpassen. Binnen de *Opties* (knop rechts bovenin) kunt u kiezen voor *Sorteren op*. U kunt de e-mail bijvoorbeeld sorteren op gelezen/ongelezen, datum of afzender.

Instellingen aanpassen

De E-mail-app biedt een flinke hoeveelheid instelmogelijkheden, waarmee u het programma naar uw hand kunt zetten. Uiterst rechts vindt u de knop waarmee u de instellingen oproept. Tik erop en kies *Instellingen*. Onder *Algemene voorkeuren* vindt u instellingen die voor alle accounts gelden. U stelt hier onder andere in hoeveel regels van de mail er in de voorbeeldweergave moeten worden getoond en of de afzender bij elke e-mail moet worden weergegeven. Naast deze algemene instellingen, zijn er accountspecifieke instellingen. Hier kunt u per account uw instellingen aanpassen. Deze zijn onderverdeeld in vier categorieën:

- *Algemene instellingen:* hier bepaalt u onder meer de accountnaam, of er een handtekening moet worden toegevoegd aan uitgaande e-mail, welke account als standaardaccount moet gelden en of afbeeldingen standaard moeten worden getoond.
- *Gegevensgebruik:* in deze sectie bepaalt u hoe vaak op nieuwe e-mail moet worden gecontroleerd, of bijlagen automatisch moeten worden gedownload en wat de maximale grootte is voor het ophalen van nieuwe e-mail.
- *Meldingsinstellingen:* u kunt instellen of u een melding wilt krijgen als er nieuwe mail is en u kunt het geluid kiezen.
- *Serverinstellingen:* hier bepaalt u de instellingen voor de servers voor inkomende en uitgaande e-mail. Deze gegevens heeft u van uw e-mailaanbieder gekregen.

Meerdere accounts

U kunt in de E-mail-app meerdere accounts toevoegen en beheren. U tikt in het instellingenvenster op *Account toevoegen*. Vervolgens kiest u voor *E-mail* en volgt u de stappen op het scherm. Deze zijn gelijk aan de stappen in par. 5.2a. Als u meerdere accounts heeft ingesteld, kunt u hiertussen schakelen via het menu links bovenin. Tik op de lijst en kies een andere account.

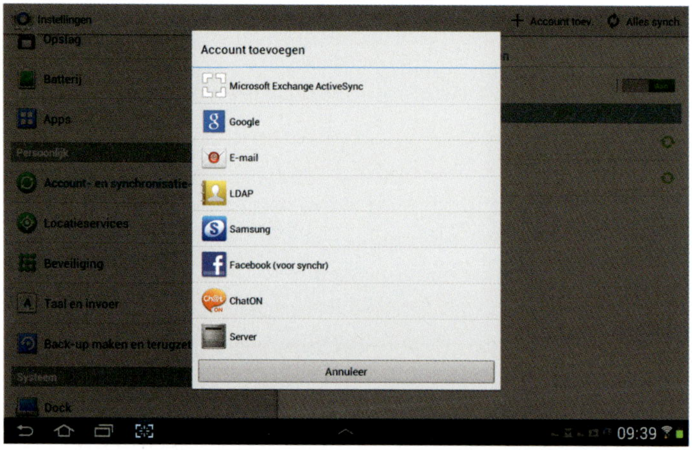

5.2c Uw agenda bijhouden

Op de meeste Android-tablets is standaard een agenda-app geïnstalleerd. De naam hiervan kan per fabrikant verschillen, maar vaak heet de app simpelweg 'Agenda'.

Screenshots

De screenshots in deze paragraaf zijn gemaakt op een Samsung Galaxy Note 10.2. Het uiterlijk van de Agenda-app op andere Android-tablets kan enigszins afwijken van de hier geplaatste afbeeldingen. De functies komen echter nagenoeg overeen.

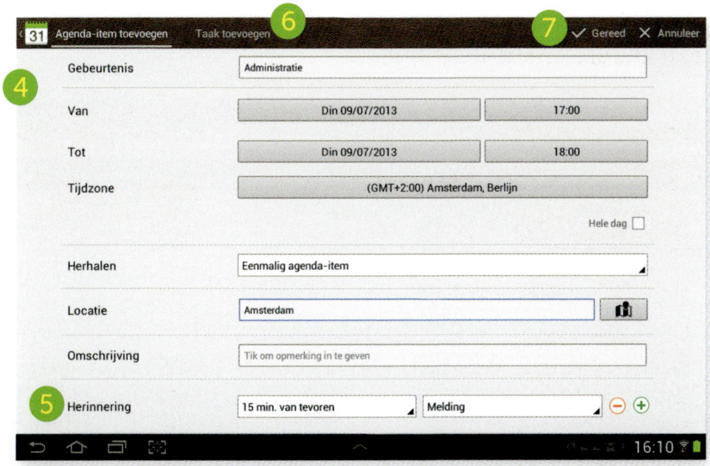

In de hoofdweergave van de app kunt u afspraken bekijken. Door op een afspraak te tikken kunt u deze bewerken of wissen.

Tip

Taken

In het startscherm ziet u de knop *Taak*. Door daarop te tikken krijgt u een overzicht van de geplande taken en de vervaldatum.

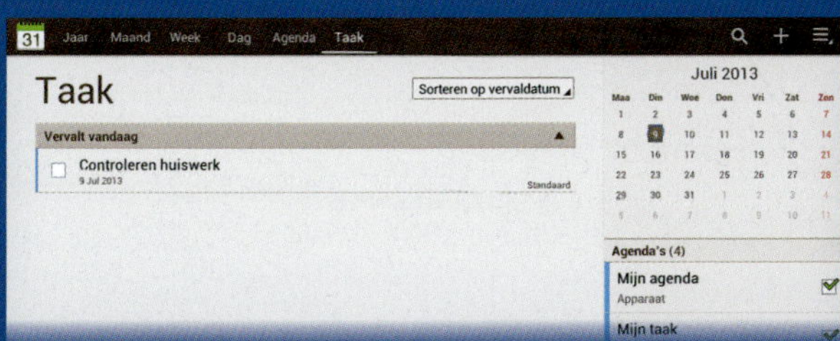

Android

1 Zoek in het overzicht van apps naar *Agenda* (of een app met een gelijkwaardige naam) en open de app.

2 De kalender wordt geopend. Standaard wordt de agenda per maand getoond, maar via de balk bovenin kunt u ook kiezen voor jaar-, week- of dagweergave.

3 Om een agenda-item in te voegen, tikt u op de knop *Nieuw agenda-item.*

4 Voeg in het venster dat nu verschijnt de details van de afspraak in: datum, tijd, locatie en deelnemers.

5 Geef aan of u een herinnering wilt ontvangen voordat de afspraak plaatsvindt.

6 U kunt ook taken toevoegen aan een afspraak. Bovenin vindt u de koppeling *Taak*. Tik hierop en geef de nieuwe taak op.

7 Druk vervolgens op *Gereed*; het agenda-item wordt toegevoegd.

Android

1. Stel in wat u als eerste dag van de week ziet (bijvoorbeeld maandag of zondag).

2. Laat activiteiten waarvoor u bent uitgenodigd, maar waar u niet aan deelneemt niet zien.

3. Toon verjaardagen van contactpersonen niet in de agenda.

4. Vergrendel de tijdzone, zodat deze voor alle afspraken gelijk is.

5. Zet het vinkje achter *Weeknummer tonen* aan als u op de kalender het weeknummer wilt zien.

Android

1. Kies welke agenda's u wilt zien.

2. Kies op welke manier waarschuwingen en herinneringen worden getoond.

3. Selecteer een beltoon voor de meldingen.

4. Stel in hoe lang van tevoren u aan een afspraak herinnerd wilt worden.

Instellingen aanpassen

U kunt een groot aantal instellingen van uw agenda aanpassen. Hiervoor drukt u op de knop *Opties*, rechts bovenin. Er wordt onderscheid gemaakt tussen:

- weergave-instellingen;
- melding agenda-item;
- synchronisatie instelling.

Weergave-instellingen

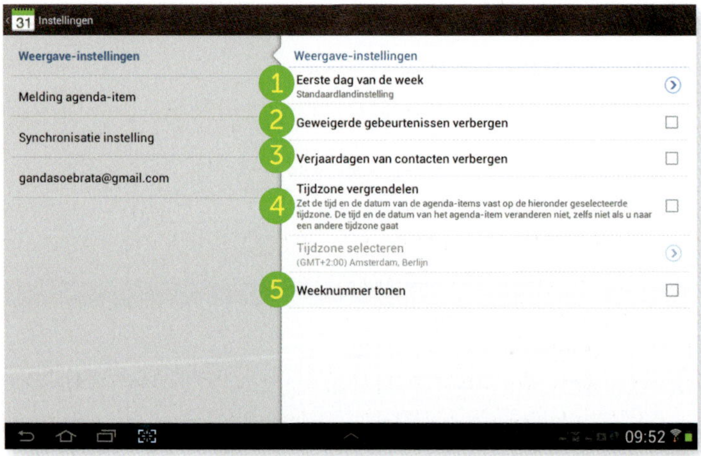

Melding agenda-items

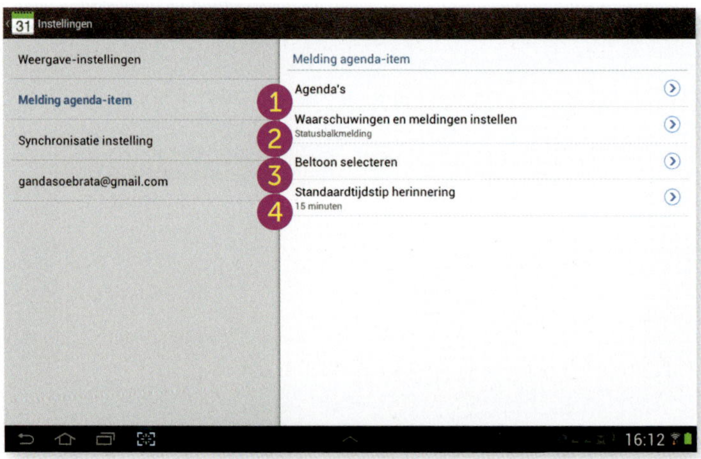

Synchronisatie instelling

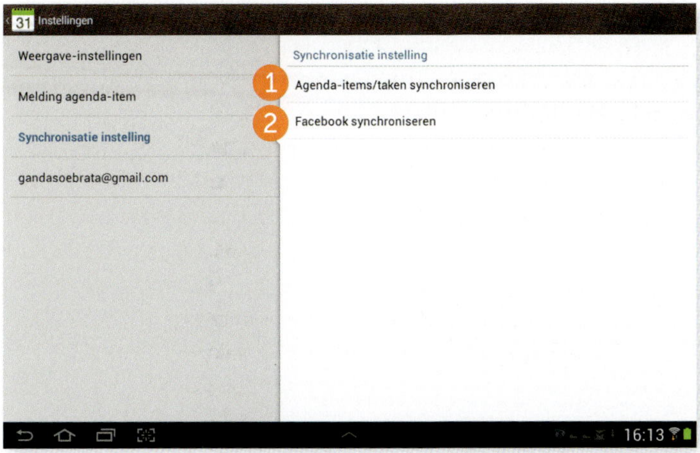

Android

1 Geef aan of agenda-items en taken gesynchroniseerd moeten worden.

2 Stel, indien gewenst, synchronisatie met Facebook in. Daardoor verschijnen uw Facebook-evenementen ook in de agenda.

5.2d Contactpersonen beheren

Uw Android-tablet is uitgerust met een uitgebreide Contacten-app. U kunt uw contactpersonen groeperen en lijsten bijhouden van favoriete contacten. De Contacten-app is onderverdeeld in drie tabbladen:

1. *Groepen*: contactpersonen die u in groepen heeft ingedeeld (bijvoorbeeld familie, werk, vrienden) vindt u hier terug.
2. *Contacten*: hier vindt u de individuele contactpersonen.
3. *Favorieten*: dit onderdeel bevat een overzicht van contactpersonen die u als 'favoriet' heeft gemarkeerd.

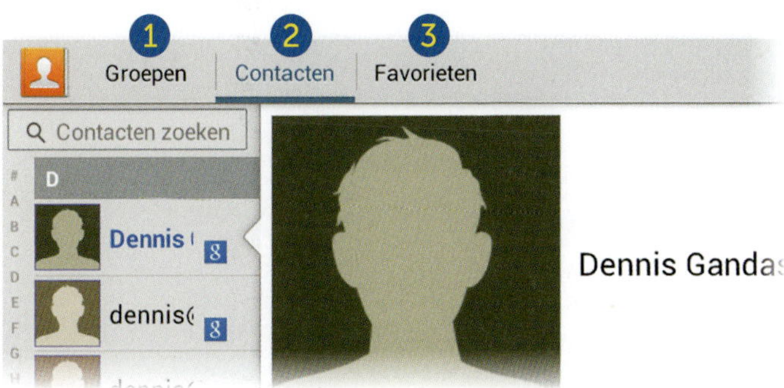

In het tabblad *Contacten* vindt u de bestaande contactpersonen. Heeft u bijvoorbeeld al een e-mailaccount toegevoegd, dan zijn de contactpersonen daaruit opgenomen in de lijst. Links bovenin kunt u zoeken naar specifieke personen. Tik op een naam en houdt de naam ingedrukt voor een overzicht van beschikbare opties. U kunt de gegevens van de contactpersoon bewerken, het contact verwijderen, toevoegen aan de lijst met favorieten en de persoon toevoegen aan een groep. Ook kunt u de gegevens betrekkelijk eenvoudig delen. Kies dan voor de optie *Naamkaartje delen via*. De gegevens kunnen onder meer worden gedeeld via bluetooth en e-mail.

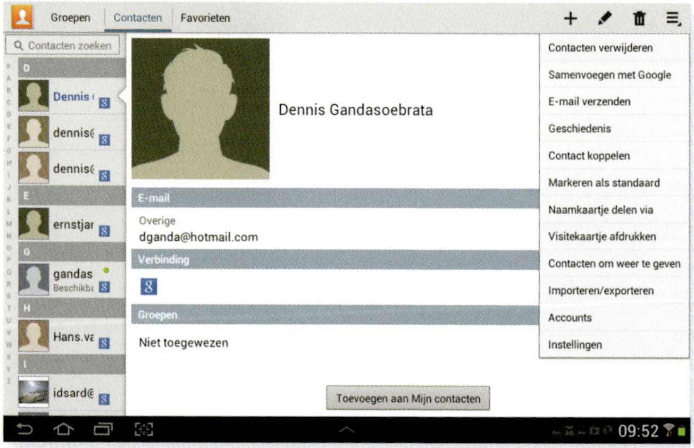

Tip

Contact koppelen

Als u contactpersonen uit verschillende bronnen importeert, kan het voorkomen dat één contact meerdere keren voorkomt in de lijst. U kunt deze koppelen, zodat ze niet meer dubbel verschijnen. De gegevens worden dat met elkaar gecombineerd, tot een compleet profiel. Tik op de naam van de persoon die u wilt koppelen en houd deze ingedrukt. In het menu kiest u voor *Contact koppelen*. Selecteer vervolgens de contactpersoon waarmee u het huidige contact wilt koppelen.

Nieuwe contactpersoon aanmaken

Android

1 Tik in de menubalk van de Contacten-app op de knop *Nieuw* om een nieuwe contactpersoon toe te voegen.

2 Geef aan waar u het contact wilt opslaan: in uw e-mailaccount (bijvoorbeeld Gmail) of lokaal op de tablet.

3 Voer naam, telefoonnummer en de groep waartoe de persoon behoort in.

4 Eventueel kunt u extra velden toevoegen; tik daarvoor op *Veld toevoegen*.

5 Tik op *Gereed* om de nieuwe contactpersoon toe te voegen.

Tip

Contactpersonen tonen

Via de opties kunt u ook bepalen welke contactpersonen moeten worden getoond. Zo kunt u ervoor kiezen om alleen de contactpersonen van uw e-mailaccount te laten zien of ook de contacten die op de tablet zijn opgeslagen.

Android

1 Tik op *Opties* en ga vervolgens naar *Instellingen.*

2 Als u een compacte weergave van de contacten wilt, plaats dan een vinkje bij de optie *Alleen contacten met telefoonnummers.*

3 Bepaal hoe de contactpersonen worden gesorteerd, op voor- of op achternaam.

4 Stel in hoe de contacten worden getoond.

Android

1 Tik op *Opties* en kies voor *Importeren/exporteren.*

2 Exporteer de contacten via een usb-opslag.

3 Kies op de nieuwe tablet voor *Importeren uit USB-opslag*, uw contacten worden dan binnengehaald.

Instellingen aanpassen

U kunt verschillende instellingen van de Contacten-app aanpassen uw voorkeur.

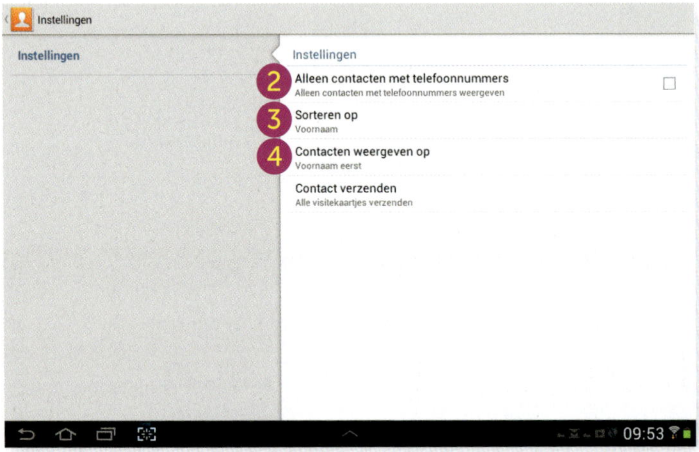

Contacten verzenden

Via de Contacten-app kunt u in een keer alle contactpersonen exporteren en importeren. Dat is bijvoorbeeld handig als u een nieuwe tablet in gebruik neemt en snel over de juiste gegevens wilt beschikken.

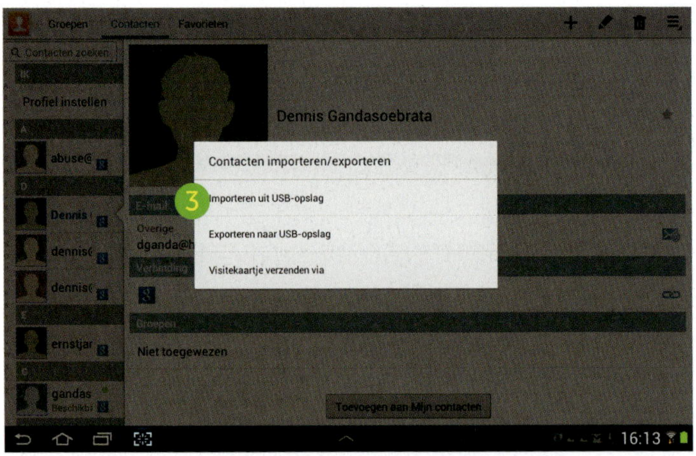

6

DE BROWSER GEBRUIKEN

Snel wat informatie opzoeken, iets kopen in een webshop, de laatste updates in uw sociale netwerk bekijken: het bezoeken van websites is een van de belangrijkste activiteiten waarvoor de tablet wordt gebruikt.

6.1 iOS

Op de iPad is standaard Apple's eigen browser geïnstalleerd: Safari. Het is een compacte browser die websites snel laadt. U vindt Safari onderaan in het hoofdvenster in het dock. Tik op het pictogram om de browser te laden.

6.1a De indeling

Boven in het venster vindt u de opdrachten- en navigatiebalk.

iOS

1 Als u meerdere pagina's achter elkaar heeft geopend, kunt u met de terug- en vooruitknop de vorige en volgende pagina laden.

2 Tik op deze knop om de bladwijzers te openen. Zo heeft u gemakkelijk toegang tot uw favoriete websites.

3 Als u gebruikmaakt van iCloud, worden openstaande tabbladen automatisch op uw andere apparaten getoond.

4 Wilt u een interessante website delen, dan kunt u hiermee de mogelijkheden opvragen. Ook kunt u de website toevoegen aan de bladwijzers of leeslijst.

5 In de adresbalk typt u het adres van de website die u wilt bezoeken. Door op het pijltje uiterst rechts te drukken, kunt u de pagina waar u zich op bevindt vernieuwen.

6 Het zoekvak geeft toegang tot de zoekfunctie. Typ hier de term in waar u naar op zoek bent en de zoekresultaten worden getoond. Ook zoekt de iPad automatisch naar de opgegeven term op de huidige pagina.

Bladwijzers

Met het bladwijzermenu kunt u eenvoudig uw favoriete websites terugvinden. Onderin het venster ziet u drie tabbladen. Deze tonen:

1. uw favoriete websites;
2. de lijst van eerderbezochte websites (de browsergeschiedenis);
3. de leeslijst, een overzicht van websites die u op een later tijdstip nog eens wilt bekijken. Wilt u een website toevoegen aan de leeslijst, dan bezoekt u de website en opent u dit venster. Tik op de knop met het plusteken (rechtsboven) en de website wordt aan de lijst toegevoegd.

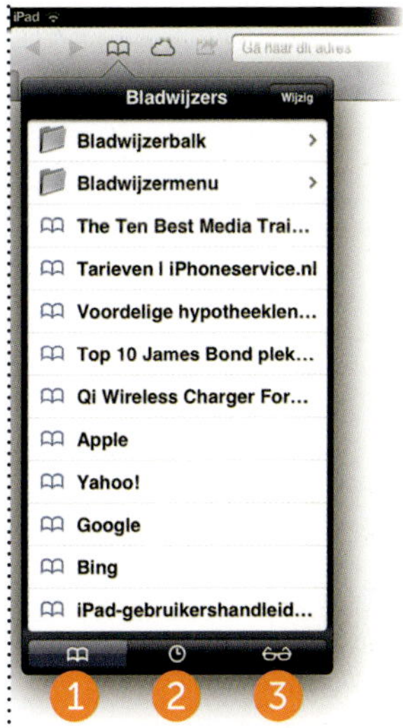

De indeling en de inhoud van het bladwijzermenu kunt u tot in detail aanpassen.

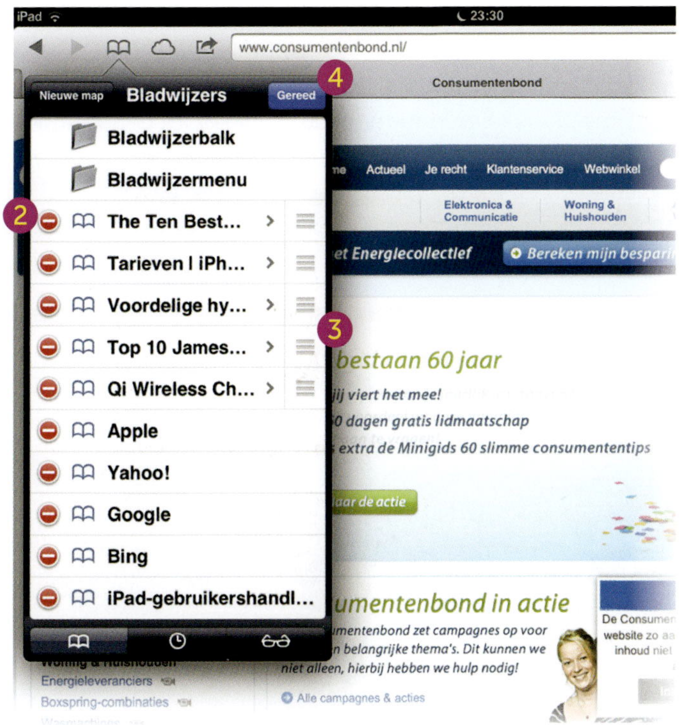

iOS

1 Tik op de knop *Wijzig*, rechts bovenin.

2 Als u een website wilt verwijderen, tikt u op het pictogram *Verwijderen*.

3 U kunt ook de volgorde van de websites aanpassen. Tik op het pictogram *Verplaatsen* en sleep de regel omhoog of omlaag. Laat de regel los waar u de website wilt plaatsen.

4 Druk op *Gereed* als u klaar bent met de aanpassingen.

Tip

Makkelijk leesbaar

Safari heeft een handige *Reader*-modus, waarmee u de inhoud van een website beter kunt bekijken. Als u deze modus activeert, wordt een nieuwe versie van de webpagina gemaakt, waarop alleen de afbeeldingen en lopende teksten zichtbaar zijn. Overbodige elementen, zoals de navigatie, worden verwijderd en de tekst wordt in een leesbaar lettertype gezet. U kunt de *Reader*-modus eenvoudig activeren. Bezoek de website en tik op de knop *Reader*. Deze vindt u uiterst rechts in de adresbalk. Tik nogmaals op de knop om terug te keren naar de oorspronkelijke website.

6.1b Werken met tabbladen

Safari ondersteunt tabbladen. Zo kunt u meerdere websites tegelijk bezoeken. Elke pagina heeft een eigen tabblad en u kunt snel schakelen tussen de tabbladen. Om een nieuw tabblad te openen, tikt u op de tab met het plusteken (uiterst rechts). Typ hierna het webadres van de pagina in. U kunt een tabblad sluiten door op het kruisje links op de tab te tikken.

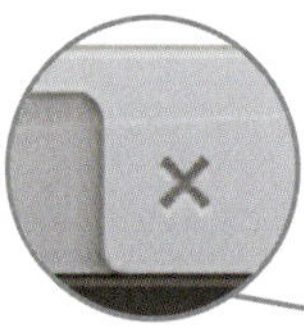

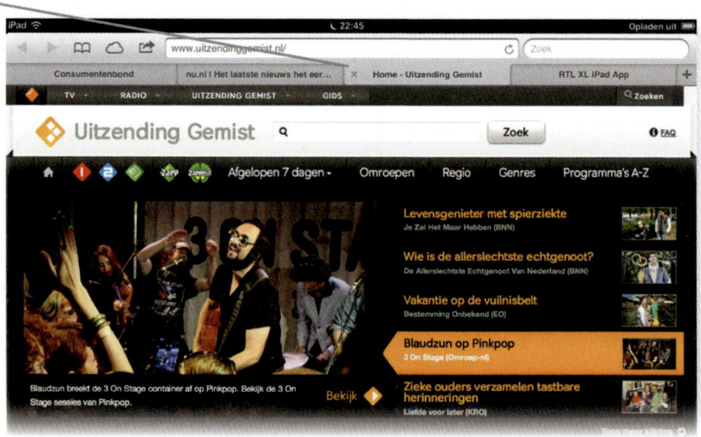

Tip

Volgorde aanpassen

U kunt de volgorde van de individuele tabbladen aanpassen. Tik op een tabblad en houd uw vinger op het scherm terwijl u de tab naar een andere plaats op de rij verplaatst. Laat de tab los op de gewenste positie.

6.1c Koppelingen

Als u een website bezoekt, kunt u gebruikmaken van de koppelingen op de pagina, bijvoorbeeld een koppeling die naar een andere pagina leidt. Als u een keer op de koppeling tikt, wordt de achterliggende pagina geopend. Maar er is meer mogelijk; als u uw vinger langer op de koppeling houdt, opent een pop-upvenster met aanvullende opties:

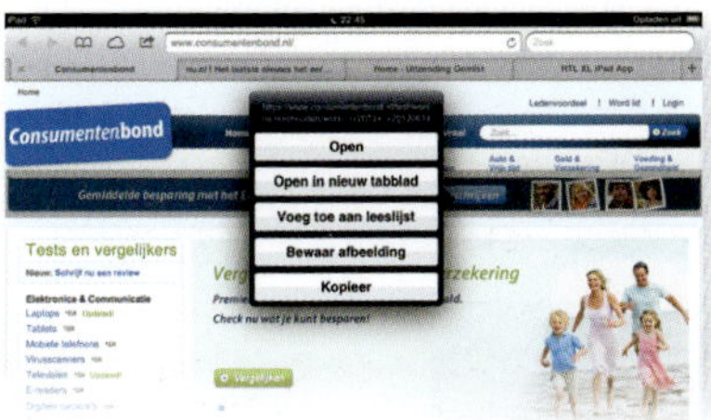

iOS

1 Tik op *Open* om de achterliggende pagina te openen.

2 Kies *Open in nieuw tabblad*, als u de pagina in een nieuw tabblad wilt openen.

3 Via de optie *Voeg toe aan leeslijst* slaat u de website op in de leeslijst, zodat u deze later alsnog kunt bekijken.

4 Als u voor de optie *Bewaar afbeelding* kiest, kunt u de geselecteerde afbeelding opslaan.

5 Met de optie *Kopieer* kopieert u de achterliggende koppeling; deze kunt u vervolgens in andere programma's plakken, bijvoorbeeld in Mail.

Tip

Een andere browser

Wilt u liever een andere browser dan Safari gebruiken? Geen probleem. Via de App Store vindt u alternatieve browsers, zodat u niet gebonden bent aan Safari. We noemen een aantal opties:

- Met Mercury Browser Pro (€0,99) kunt u onder andere uw bladwijzers synchroniseren tussen verschillende apparaten en advertenties blokkeren.
- Ghostery is erop gericht uw persoonlijke gegevens te beschermen. Er wordt bijvoorbeeld geen gebruikgemaakt van de zoekmachine van Google, maar van DuckDuckGo (www.duckduckgo.com). Deze zoekmachine zorgt ervoor dat uw surfgedrag niet kan worden gevolgd en dat u anoniem kunt surfen.
- Terra zorgt ervoor dat websites altijd in de volledige (desktop)variant worden getoond en niet in de mobiele versie. Ook Atomic Web Browser heeft deze functionaliteit.

6.2 Android

Op Android-tablets is standaard een internet-app geïnstalleerd. U vindt deze in het startscherm.

6.2a De indeling

De browser ondersteunt meerdere tabbladen; klik op het plusteken (rechts van het eerste tabblad) om een nieuwe te openen. Onder de tabbladen vindt u de opdrachten- en navigatiebalk.

Favorieten

De browser maakt onderscheid tussen online favoriete websites en lokale favoriete websites. Als u gebruikmaakt van een Gmail-account, kunt u uw lijst van favoriete websites online opslaan. Ze zijn daardoor op verschillende apparaten beschikbaar. De tweede tab – *Geschiedenis* – toont een overzicht van eerderbezochte pagina's. U kunt kiezen tussen pagina's die u vandaag, de vorige maand of het meest heeft bezocht. Tik op *Opgesl. pag.* voor een overzicht van pagina's die u eerder lokaal heeft opgeslagen.

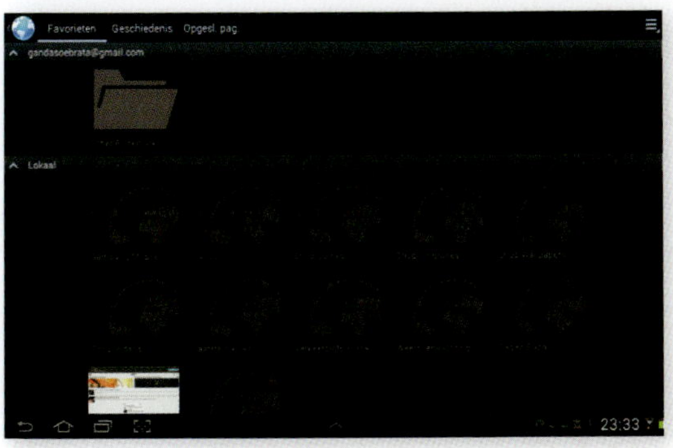

Android

1. Als u meerdere pagina's achter elkaar heeft geopend, kunt u met de terug- en vooruitknop de vorige en volgende pagina laden.

2. Druk op deze pijl om de website waar u zich op bevindt te vernieuwen.

3. In de adresbalk typt u het adres van de website die u wilt bezoeken.

4. Als u op het sterretje naast de adresbalk tikt, voegt u de website toe aan uw favorieten.

5. De knop met het vergrootglas geeft toegang tot de zoekfunctie. Typ hier de term in waar u naar op zoek bent en de zoekresultaten worden in het venster getoond.

6. De rechterknop geeft u toegang tot uw favoriete websites, de browsergeschiedenis en opgeslagen pagina's.

Android

1 Tik op de knop *Opties*.

2 Kies *Instellingen*.

3 Hier vindt u algemene instellingen. Gebruik deze categorie om uw startpagina in te stellen en aan te geven of u wilt dat webformulieren automatisch worden ingevuld.

4 In de categorie *Privacy en beveiliging* kunt u het gebruik van persoonlijke gegevens configureren.

5 Onder *Toegankelijkheid* kunt u de weergave van websites verbeteren, bijvoorbeeld als u minder goed ziet.

6 Leg vast wat uw standaardzoekmachine is, of er invoegtoepassingen mogen worden gebruikt en of pop-ups geblokkeerd moeten worden.

7 Als u gebruikmaakt van mobiel internet kunt u hier het dataverbruik van uw tablet beheren via *Bandbreedtebeheer*.

8 Bij *Labs* kunt u handige functies instellen, bijvoorbeeld het direct tonen van zoekresultaten terwijl u de zoekterm nog aan het intypen bent.

6.2b Instellingen aanpassen

De Android-browser heeft een groot aantal instelmogelijkheden, waarmee u bijvoorbeeld formulieren automatisch kunt laten invullen en het gebruik van mobiele data kunt beperken.

Tip

Anoniem surfen

De Android browser kent een nuttige optie waarmee u anoniem websites kunt bezoeken. Er worden dan geen cookies geaccepteerd en de pagina wordt niet opgenomen in uw surfgeschiedenis. Tik hiervoor op de knop *Opties* en kies voor *Nieuw incognito-venster*. Vervolgens kunt u de websites bezoeken. Na afloop sluit u het incognito-venster (of het tabblad). Er blijven geen sporen achter. Wilt u ook niet dat uw zoekgedrag wordt gevolgd? Maak dan ook gebruik van een zoekmachine als *DuckDuckGo*. Deze respecteert uw privacy (zie het kader 'Een andere browser' in par. 6.1c).

Aanvullende opties

Via de knop *Opties* rechtsboven in het venster heeft u toegang tot aanvullende opties.

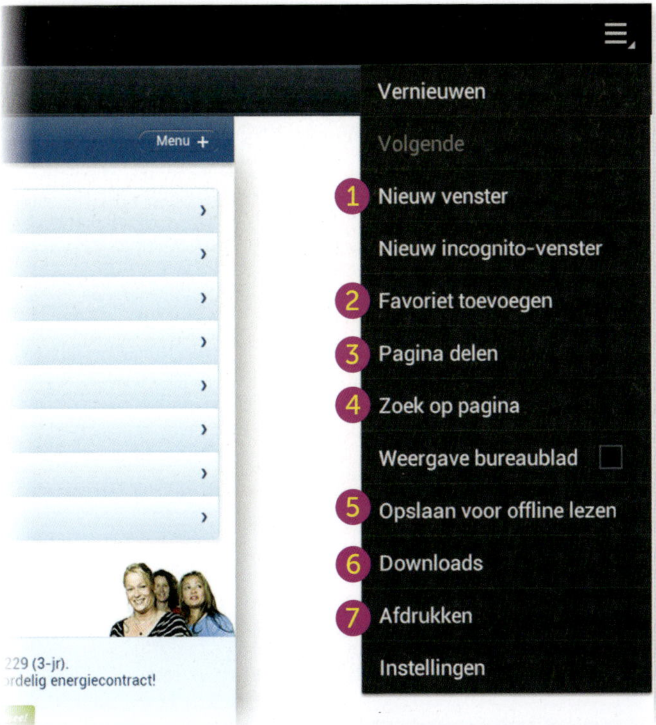

Tip

Liever de echte pagina

Als een website merkt dat u een tablet of ander mobiel apparaat gebruikt, wordt vaak de mobiele versie geladen. Heeft u dit liever niet en wilt u de volwaardige pagina zien die gemaakt is voor desktopcomputers? De Android-browser heeft hiervoor een fijne optie in huis, waarmee de browser zich voordoet als volwaardige computer en u hiermee de volledige versie van de website te zien krijgt. Tik op *Opties* en kies *Weergave bureaublad*.

Android

1 Via *Nieuw venster* opent u een nieuw tabblad.

2 Voeg de pagina toe aan uw favorieten.

3 Via *Pagina delen* kunt u de pagina delen met anderen, bijvoorbeeld via bluetooth of e-mail.

4 Met *Zoek op pagina* kunt u op de pagina die u bezoekt, zoeken naar een specifieke term.

5 U kunt een pagina lokaal opslaan om deze later offline te lezen.

6 Onder de optie *Downloads* vindt u een overzicht van de bestanden die u met de browser gedownload heeft.

7 Afhankelijk van de tablet die u gebruikt, kunt u een pagina afdrukken.

Zuinig met uw data

Als u gebruikmaakt van een internetverbinding met datalimiet, is het zinvol om te letten op uw dataverbruik. Voor u het weet, zit u over uw limiet heen. U kunt in de Android-browser instellen dat afbeeldingen op websites niet geladen worden. Dat scheelt redelijk wat data.

Android

1 In de Android-browser tikt u op *Opties, Instellingen*.

2 Kies voor *Bandbreedtebeheer*.

3 Zet het vinkje achter *Afbeeldingen laden* uit, als u niet wilt dat afbeeldingen op websites geladen worden.

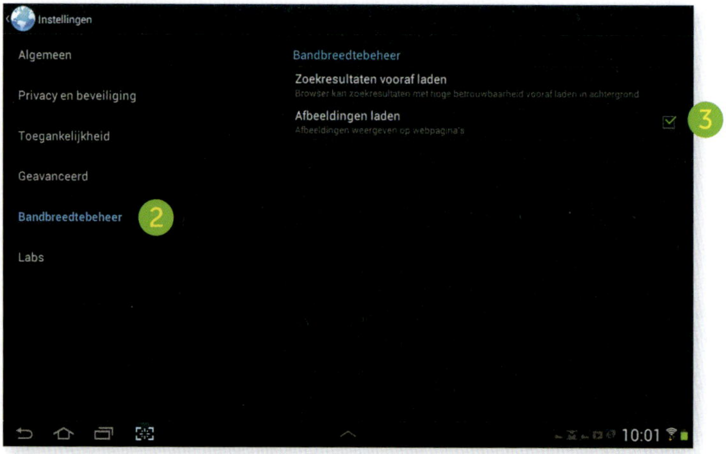

Andere zoekmachine instellen

Standaard maakt de browser gebruik van Google, maar u kunt ook een andere zoekmachine instellen.

Android

1 Tik op *Opties, Instellingen*.

2 Kies *Geavanceerd* en tik op *Zoekmachine selecteren*. Kies vervolgens de gewenste zoekmachine.

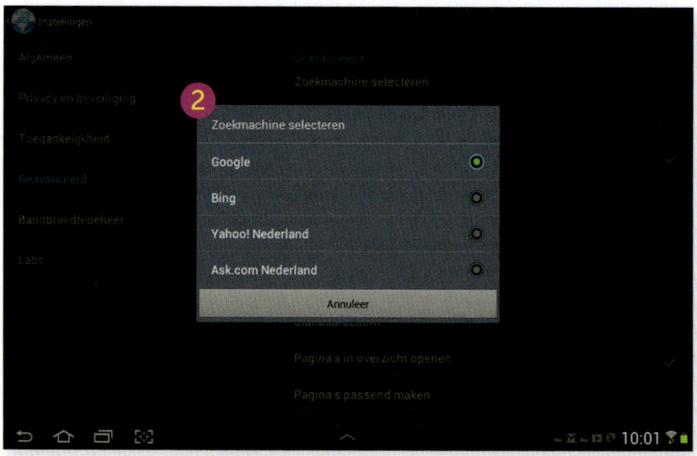

7 MEDIA

Onderweg een film kijken, het laatste muziekalbum van uw favoriete artiesten afspelen, foto's maken of een boek lezen. Hoe u op mediagebied het meest uit de tablet haalt, leest u in dit hoofdstuk.

7.1 iOS

7.1a iTunes

Via iTunes kunt u muziek en films kopen en afspelen

De standaard-app om films, muziek en audioboeken af te spelen op de iPad is iTunes. Hier kunt u, met uw Apple ID (zie par. 3.2f), eenvoudig muziek en films huren of aanschaffen. Ook kunt u uw huidige collectie ordenen en beluisteren.
Het aanschaffen van muziek en films gaat via de iTunes-store; om deze te openen tikt u op het icoontje.
De iTunes Store is ingedeeld in secties:

- *Muziek*: in het startscherm worden tips van de redacties, nieuwe releases en afgeprijsde albums getoond. Onder in de muzieksectie kunt u zelf de catalogus per categorie doorzoeken.
- *Films*: hier kunt u films huren en kopen, van Hollywood-producties tot onafhankelijke Nederlandse films. Bij de meeste films kunt u kiezen tussen standaardkwaliteit (SD) en hoge kwaliteit (HD). Voor de laatste versie betaalt u iets meer.
- *Audioboeken*: onder in het scherm vindt u directe snelkoppelingen naar nieuwe uitgaven, bestverkopende auteurs en bekroonde boeken. U kunt ook zelf de collectie audioboeken doorzoeken op categorie.
- *Hitlijsten*: hier zijn bestverkopende muziek en films op een rijtje gezet.
- *Genius*: hier vindt u aanbevelingen voor muziek en films op basis van de aankopen die u eerder heeft gedaan. Om *Genius* te activeren, moet u deze optie inschakelen in iTunes op uw computer.
- *Aankopen*: hier vindt u uw aankopen in iTunes. Er wordt onderscheid gemaakt tussen alle aankopen en recente aankopen.

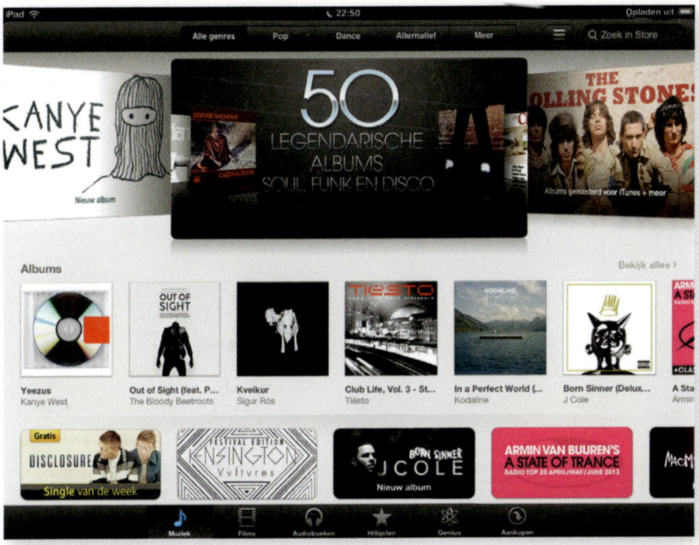

Tip

Zoeken

De zoekfunctie van de iTunes Store vindt u rechtsboven in het scherm. Hiermee zoekt u naar uw favoriete artiest, muziekalbums of films. Het maakt niet uit welke zoekcriteria u opgeeft, de volledige iTunes Store wordt doorzocht.

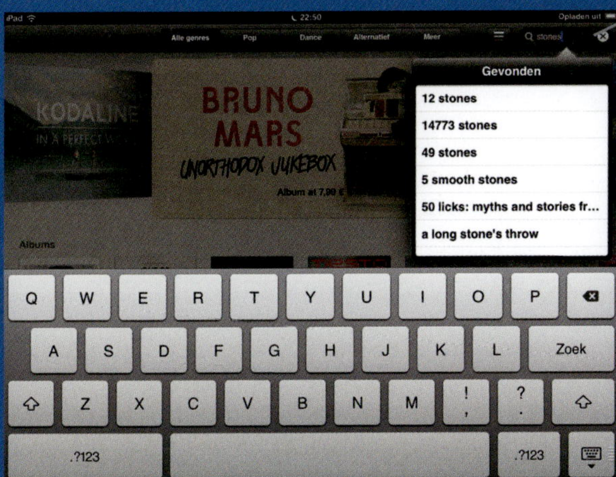

Tip

Tegoed opvragen

Benieuwd naar het iTunes-tegoed dat u heeft? Onderaan in het scherm van de iTunes Store leest u welk bedrag op de account beschikbaar is. Hier kunt u ook een code van een iTunes-cadeaukaart opgeven om het bijbehorende bedrag toe te voegen aan uw account.

7.1b Muziek afspelen

U kunt via iTunes natuurlijk ook muziek afspelen die u reeds in bezit heeft. U gebruikt het programma om de muziek van uw computer naar de iPad te verplaatsen.

iOS

1 Koppel uw iPad aan de computer.

2 Open iTunes op uw computer. Druk op de toetsencombinatie *Ctrl+O*. Hiermee opent u het venster *Toevoegen aan bibliotheek*.

3 Selecteer de muziek die u wilt toevoegen. Klik op *Openen*.

4 Klik op de knop *Synchroniseren*. De muziek wordt toegevoegd.

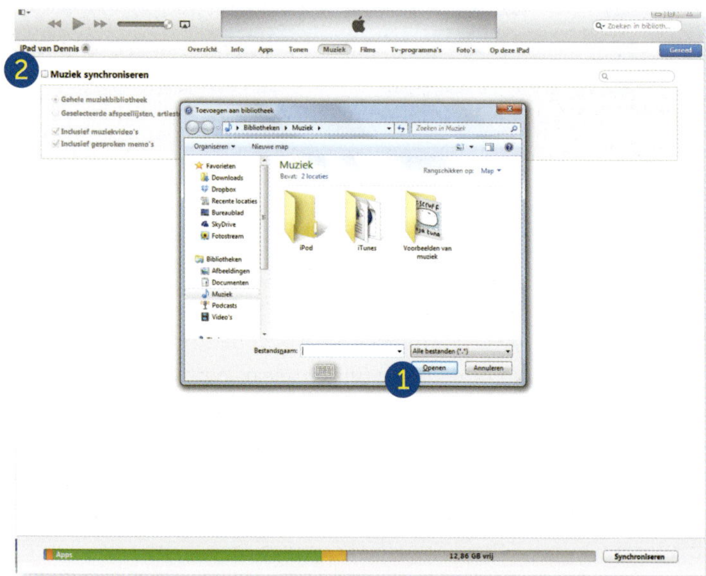

7.1c Films afspelen

Met de app Video's kunt u eigen videomateriaal afspelen. Ook gehuurde of gekochte films speelt u hiermee af. Tik op het icoon om Video's te starten.
De eerste keer dat u Video's start, is de filmcollectie nog leeg. U kunt films en series downloaden via de iTunes Store (zie par. 7.1a) of bestanden die u al in uw bezit heeft op de iPad zetten. U kunt gemakkelijk films van uw computer naar uw iPad overzetten met behulp van iTunes.

iOS

1 Sluit uw iPad aan op de computer met een usb-kabel; hij wordt automatisch herkend door iTunes.

2 Bestanden die in de iTunesbibliotheek op uw computer staan kunt u verslepen naar uw iPad. Ze worden dan gekopieerd.

Tip

YouTube

U kunt op de iPad ook films via YouTube bekijken. Dit kan natuurlijk door via de browser naar www.youtube.com te gaan, maar u kunt ook de officiële YouTube-app gebruiken (zie par. 9.3c). Deze is niet standaard geïnstalleerd op de iPad, maar is wel beschikbaar in de App Store.

7.1d AirPlay

Dankzij de functie AirPlay kunt u muziek en video's van uw iPad op andere apparaten afspelen. Zo kunt u bijvoorbeeld een video van uw iPad afspelen op een televisie met Apple TV. Het apparaat waarop u wilt afspelen, moet ook AirPlay ondersteunen. De meeste apparaten van Apple ondersteunen AirPlay en uw computer ondersteunt AirPlay als u gebruik maakt van de nieuwste versie van iTunes. Ook andere fabrikanten leveren steeds vaker apparaten met AirPlay-ondersteuning. U schakelt AirPlay eenvoudig in.

iOS

1 Zorg ervoor dat de iPad gebruik maakt van hetzelfde draadloze netwerk als het apparaat waarop u de media wilt afspelen.

2 Start de app waarmee u AirPlay wilt gebruiken, bijvoorbeeld Video's, Foto's of Safari.

3 Start het afspelen. Tik nu op de knop *AirPlay*. De locatie van de knop is afhankelijk van het programma.

4 Er verschijnt een pop-upvenster met een overzicht van apparaten die AirPlay ondersteunen. Kies het apparaat waarnaar u het materiaal wilt sturen. Let op het icoon dat wordt getoond naast elk apparaat. Ziet u een luidspreker, dan kan het betreffende apparaat geluidsbestanden afspelen. Ziet u een televisie, dan kunt u een videobestand afspelen.

5 Als u het materiaal weer wilt afspelen op uw iPad tikt u nogmaals op de *AirPlay*-knop. Kies in het pop-upscherm voor *iPad*.

Surfen op televisie

U kunt met AirPlay niet alleen foto's, video's en muziek op een ander apparaat afspelen, het is ook mogelijk om websites op een ander apparaat te tonen. U kunt dan via uw televisie surfen.

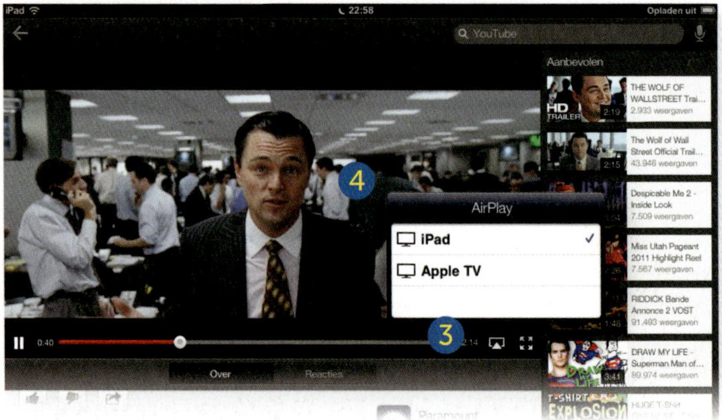

Tip

Snelle AirPlay

Snel gebruikmaken van AirPlay? Druk tweemaal op de homeknop. Onderin verschijnt een extra balk met pictogrammen. Schuif deze naar rechts, totdat een balk met afspeelknoppen en een volumeregelaar verschijnt. Tik op de AirPlay-knop en kies het apparaat waarop u de media wilt afspelen. De knop is alleen zichtbaar als de iPad zich in hetzelfde netwerk als het AirPlay-apparaat bevindt.

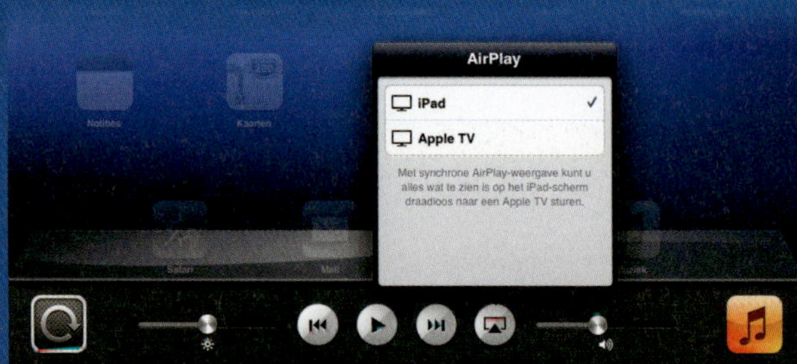

7.1e Foto's en video's maken

Alle iPads vanaf de tweede generatie hebben twee camera's: een aan de voorzijde en een aan de achterzijde. Met de camera kunt u foto's en video's maken.

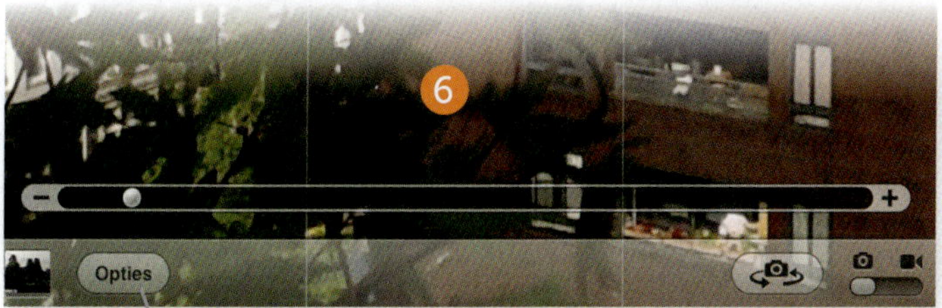

iOS

1 In het beginscherm tikt u op *Camera*.

2 Om een foto te maken, tikt u eenmaal op de knop met de camera.

3 Tik op de knop *Wissel camera* om te wisselen naar de camera aan de voorkant van de iPad, boven het scherm.

4 Om de foto's te bekijken, tikt u op de miniatuurafbeelding linksonder in het scherm.

5 U kunt eenvoudig schakelen tussen het maken van een foto of een video, door de schuif op de videomodus te zetten.

6 Schuif uw vingers uit elkaar op de plaats waarop u wilt inzoomen. Onder in het venster geeft een indicator aan hoever u heeft ingezoomd.

7 Onder *Opties* vindt u de optie *Raster*. Schakelt u deze in, dan wordt een raster van drie bij drie vlakken op het scherm getoond. Dit helpt u bij het maken van een foto.

Tip

Video bewerken

De iPad kent geen standaard-app om video's te bewerken. Wilt u een video eenvoudig bewerken, dan kunt u gebruikmaken van iMovie. Deze app is tegen betaling (€4,49) verkrijgbaar in de App Store. Met de app kunt u onder meer foto's, muziek en speciale effecten aan uw materiaal toevoegen. Ook kunt u gebruikmaken van een thema, waarmee u in één keer titels, overgangen en muziek toevoegt. U kunt de video vervolgens delen via YouTube, Facebook, Vimeo en AirPlay.

1

Photo Booth

Op de iPad vindt u de standaard-app Photo Booth. Hiermee kunt u foto's een speciaal effect geven, bijvoorbeeld spiegelen of uitrekken. De foto die u via Photo Booth maakt, wordt meteen bewerkt.

iOS

1 In het beginscherm tikt u op *Photo Booth*. De camera aan de voorzijde wordt ingeschakeld.

2 Kies één van de negen effecten. Om de foto te maken, tikt u daarna op de knop met de camera.

2

Foto's bekijken

U kunt gemaakte foto's bekijken vanuit de camera-app, maar u kunt ze ook bekijken zonder dat u deze app hoeft te openen. Daarvoor tikt u in het startscherm op *Foto's*. Binnen deze app worden vier categorieën onderscheiden:

- *Foto's*: hier vindt u de lokale foto's die zijn opgeslagen op de iPad.

- *Fotostream*: als u *Fotostream* heeft ingeschakeld, worden foto's gesynchroniseerd tussen meerdere iOS-apparaten. Zo zijn de foto's die u met de iPad maakt ook zichtbaar op bijvoorbeeld uw iPhone of Apple TV. De foto's van *Fotostream* kunt u in deze categorie bekijken.
- *Albums*: hier ziet u het overzicht van de fotoalbums die u heeft aangemaakt.
- *Plaatsen*: als u deze optie heeft ingeschakeld, onthoudt iPad de locatie waar u foto's heeft genomen. Door te tikken op *Plaatsen*, verschijnt een wereldkaart. Hierop is aangegeven waar u welke foto's heeft gemaakt.

Tip

Fotostream

Met de functie *Fotostream* worden foto's die u met de tablet (of met een ander iOS-apparaat, zoals de iPhone) maakt automatisch naar iCloud gekopieerd en vervolgens beschikbaar gemaakt op alle andere apparaten waarop u Fotostream heeft ingeschakeld.

1. Ga naar *Instellingen, iCloud*.
2. Tik op *Fotostream*.
3. Zet de schuif achter *Mijn fotostream* op 'aan'.
4. Kies voor *Gedeelde fotostreams* als u foto's met anderen wilt delen.

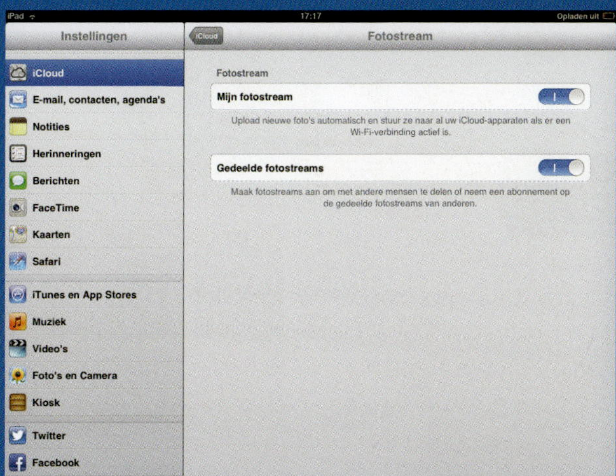

7.1f Tijdschriften lezen

U kunt gemakkelijk tijdschriften lezen op de iPad. Deze vindt u in de Kiosk. Op deze plaats bewaart de iPad uw leesmateriaal.

iOS

1 Tik op het pictogram *Kiosk*. Op de virtuele boekenplank ziet u uw collectie tijdschriften; tik erop om ze te openen.

Tijdschriften kopen

Via de Kiosk kunt u nieuwe tijdschriften aanschaffen.

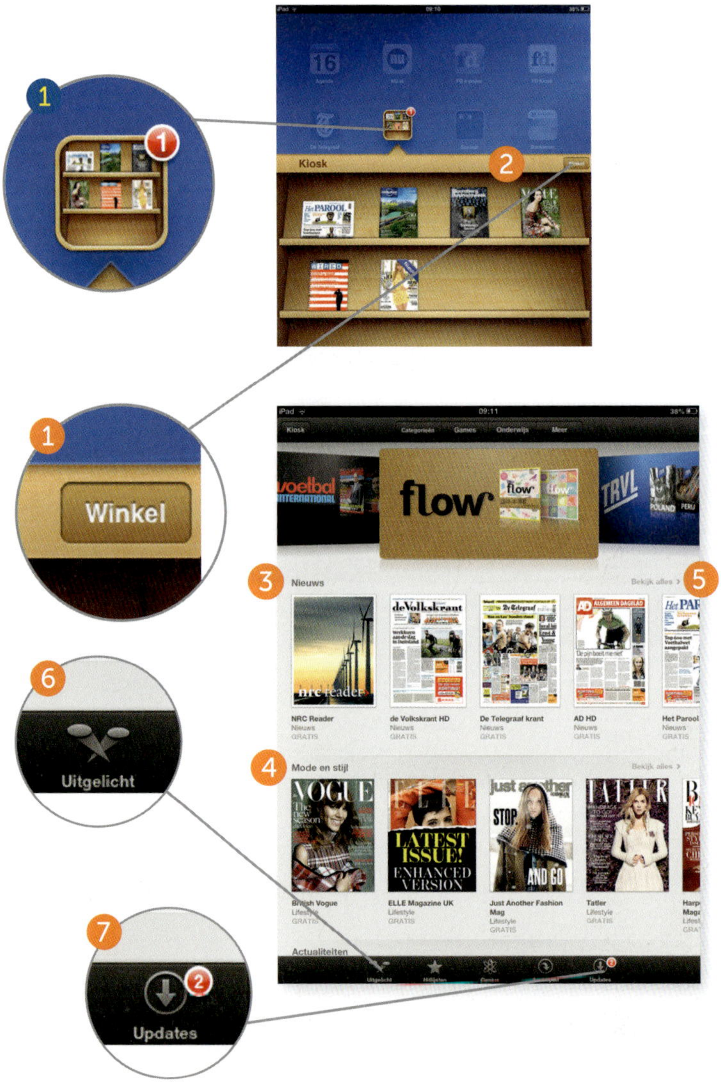

iOS

1 Tik op de knop *Winkel*.

2 De tijdschriften zijn gerangschikt per categorie.

3 In de sectie *Nieuws* vindt u populaire kranten, zoals *De Volkskrant*, *De Telegraaf*, *NRC* en *Het Parool*.

4 De sectie *Mode en stijl* bevat titels zoals *Vogue*, *ELLE* en *Glamour*.

5 Tik op *Bekijk alles* voor een compleet overzicht van een categorie.

6 Onder *Uitgelicht* vindt u de bestverkopende tijdschriften en kranten.

7 Met een abonnement krijgt u bij *Updates* een melding zodra u een nieuw nummer kunt downloaden.

7.19 Boeken kopen

Via de app iBooks kunt u ook boeken kopen en lezen. De app geeft toegang tot de iBookstore. U vindt de app in de App Store.

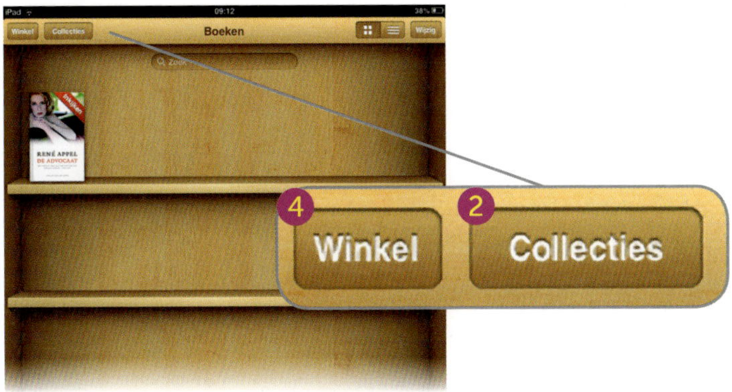

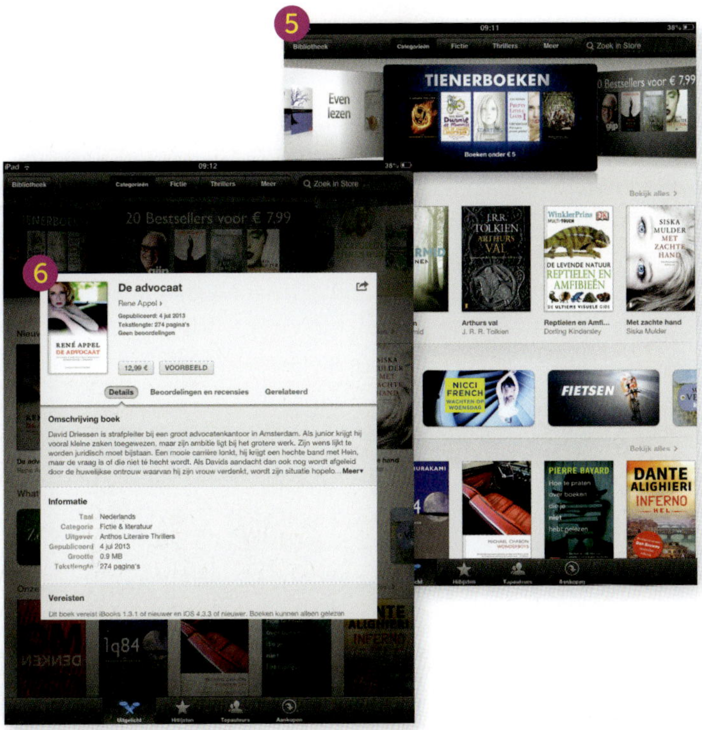

iOS

1 Tik op het pictogram van *iBooks*.

2 Op de boekenplank verschijnen uw boeken. Tik op *Collecties* om te schakelen tussen de verschillende categorieën, zoals *Boeken*, *Aangeschafte boeken* en *PDF's*.

3 Tik op *Nieuw* om een nieuwe categorie aan te maken.

4 Tik op *Winkel* om nieuwe boeken aan te schaffen.

5 De winkel maakt onderscheid tussen boekgenres. Tik op een boek om de details te zien. Hier ziet u onder andere de prijs van het boek en een synopsis.

6 Met de knop *Voorbeeld* kunt u een voorbeeldhoofdstuk krijgen van het boek, zodat u een indruk van het werk krijgt.

7 Zodra u een boek heeft aangeschaft, vindt u het terug op de boekenplank.

iOS

1 Tik op een boek om het te openen.

2 U kunt zelf het lettertype en de lettergrootte aanpassen.

3 Doorzoek het boek op een specifiek woord.

4 Markeer de pagina met een bladwijzer; zo weet u later waar u gebleven was.

Boek lezen

Vanuit iBooks kunt u de aangeschafte boeken ook lezen.

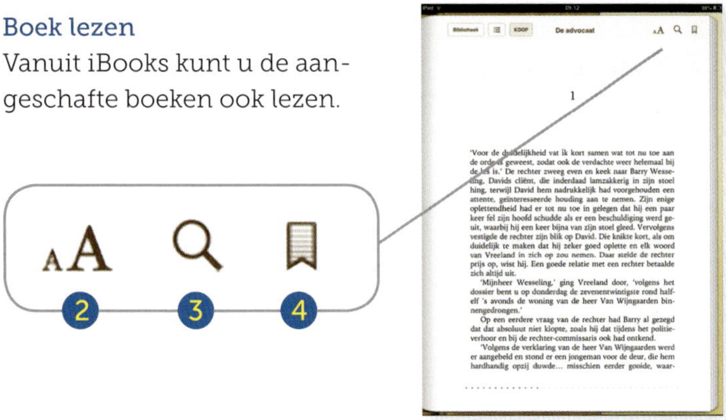

7.2 Android

7.2a Muziek afspelen

Fabrikanten leveren vaak hun eigen muziekspeler mee op hun Android-tablet. Ga op zoek naar deze speler: u herkent hem meestal aan de naam Muziekspeler of MP3-speler. Ongeacht welke variant u gebruikt, kent de speler vergelijkbare opties.
Als u de speler opent, vindt u meerdere categorieën. In de sectie *Nummers* staan alle audionummers die op de tablet aanwezig zijn. Ook kunt u de muziek sorteren op album, artiest of genre. Afhankelijk van de muziekspeler, kunt u de nummers sorteren op map, componist en jaar van uitgave. Om een nummer af te spelen, tikt u erop. Kies voor *Afspeellijsten* als u een set vooraf ingestelde muziek wilt afspelen.

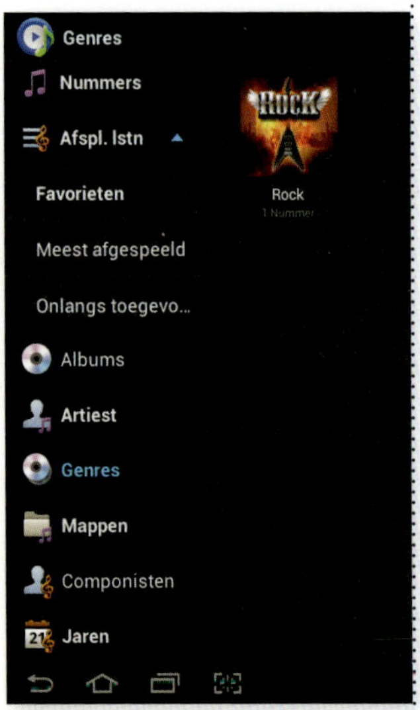

Tip

Muziek zoeken

Grote kans dat u een aardige muziekcollectie heeft opgebouwd. U hoeft niet altijd te zoeken via categorieën. Om snel een nummer of artiest te vinden maakt u gebruik van de zoekfunctie. Tik op de knop *Zoeken* rechtsboven in het scherm en typ een zoekterm in.

Muziek overzetten

Heeft u muziek die u graag op de tablet wilt afspelen? U kunt deze overzetten op uw tablet. De eenvoudigste manier is het koppelen van de tablet aan uw computer.

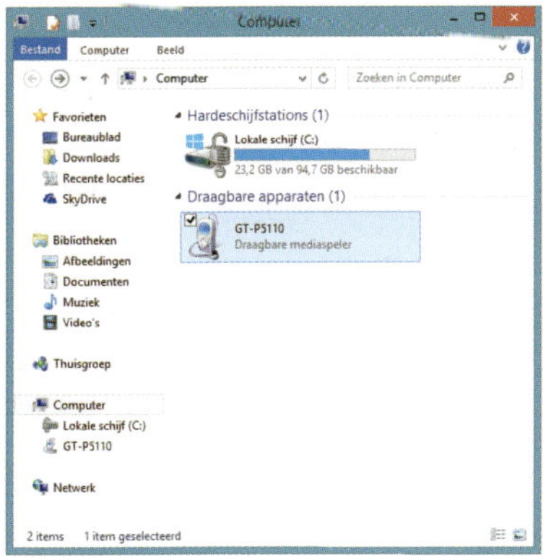

Een afspeellijst maken

Met een afspeellijst kunt u een selectie van muziek maken, die in een bepaalde volgorde wordt afgespeeld. U kunt meerdere afspeellijsten maken.

1

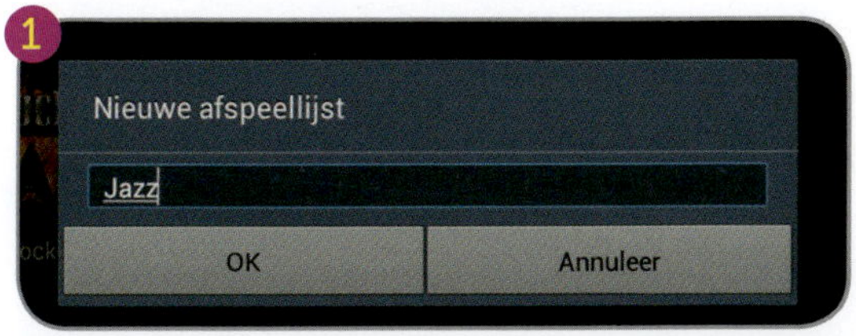

2

3

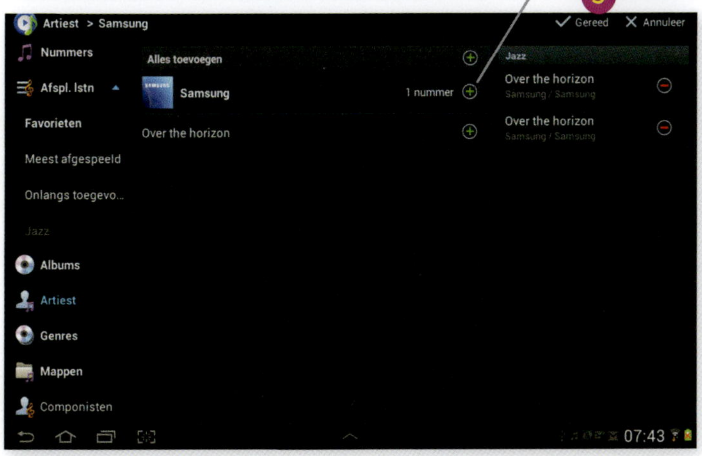

Android

1 Gebruik de meegeleverde usb-kabel om de tablet aan uw computer te koppelen. Wacht totdat het apparaat is herkend door Windows.

2 Open *Windows Verkenner* (in het menu *Start*, of gebruik de toetsencombinatie Windows-toets+E).

3 Open de inhoud van uw tablet in Windows Verkenner. Doorgaans herkent u deze aan het pictogram van een tablet. Blader naar de map *Muziek* (of *Music*). Kopieer uw muziek naar deze map.

Android

1 Tik op de knop *Nieuwe afspeellijst,* vul een naam in en tik op *OK*.

2 Blader naar de gewenste muziek en tik op het plusteken om het nummer toe te voegen. Om alle getoonde nummers toe te voegen, dan tikt u op *Alles toevoegen*.

3 Tik op *Gereed* om de afspeellijst te bewaren. U kunt hem voortaan afspelen via *Afspeellijsten*.

Android

1 Tik op *Videospeler*.

2 De videospeler laat standaard een overzicht van miniaturen zien. Tik op *Lijst* om de video's in een lijstweergave te tonen.

3 Tik op *Mappen* als u de video's in een map wilt zien.

4 U kunt ook zoeken binnen uw video's; geef daarbij de bestandsnaam op.

7.2b Films afspelen

Voor het afspelen van video's en films maakt u op uw Android-tablet gebruik van de Videospeler-app. De videospeler ondersteunt een groot aantal formaten, zodat u bijna elke video probleemloos kunt afspelen. De werking van de speler is eenvoudig.

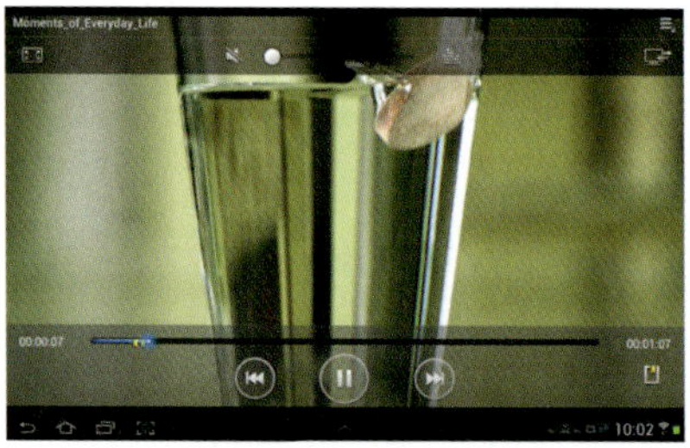

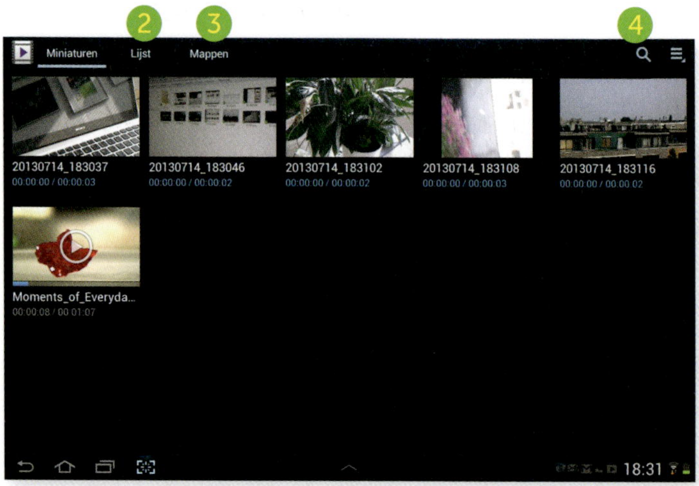

Tip

Video snel delen

Heeft u een video die u snel wilt delen? Tik op de miniatuurweergave of bestandsnaam van de video en houd ingedrukt tot een pop-upscherm verschijnt. Tik op *Delen via*. Vervolgens kiest u het kanaal waarmee u de video wilt delen, bijvoorbeeld YouTube. Via hetzelfde venster heeft u toegang tot aanvullende opties. Zo kunt u de geselecteerde video verwijderen (via de optie *Wissen*) of de kenmerken opvragen (via de optie *Gegevens*).

> **Tip**
>
> **YouTube**
>
> U kunt ook video's via YouTube bekijken. Dit kan natuurlijk door via de browser naar www.youtube.com te gaan, maar u kunt ook de officiële YouTube-app gebruiken (zie par. 9.3c). Deze staat standaard geïnstalleerd op de meeste Android-tablets.

7.2c Foto's en video's maken

U start de camera op een Android-tablet door te tikken op *Camera*. De camera is eenvoudig in het gebruik.

Instellingen aanpassen

De Camera-app kent een flinke hoeveelheid instellingen die u naar eigen voorkeur aan kunt passen. U vindt ze links in het venster, nadat u heeft geklikt op *Instellingen* (het wieltje linksonder, scrol naar beneden voor alle instellingen). Een deel van de instellingen is ook toegankelijk via de balk links (stap 4 t/m 8 in voorgaand stappenplan).

- *Sneltoets wijzigen*: bepaal welke sneltoetsen aan de linkerzijde van het cameravenster moeten worden getoond.
- *Zelfportret*: wilt u een foto van uzelf maken, gebruik dan

> **Android**
>
> 1 Tik op de knop met de camera om een foto te maken.
>
> 2 Schakel tussen foto- en videomodus.
>
> 3 Tik op de miniatuurweergave om gemaakte foto's te bekijken.
>
> 4 Schakel tussen de camera aan de voor- en achterzijde.
>
> 5 Kies welke fotostand u wilt gebruiken: *één opname, smile shot* of *panorama* (zie 'Instellingen aanpassen').
>
> 6 Stel, indien gewenst, de timer in.
>
> 7 Stel de belichtingswaarde in.
>
> 8 Bepaal of er een effect op de foto moet worden toegepast.

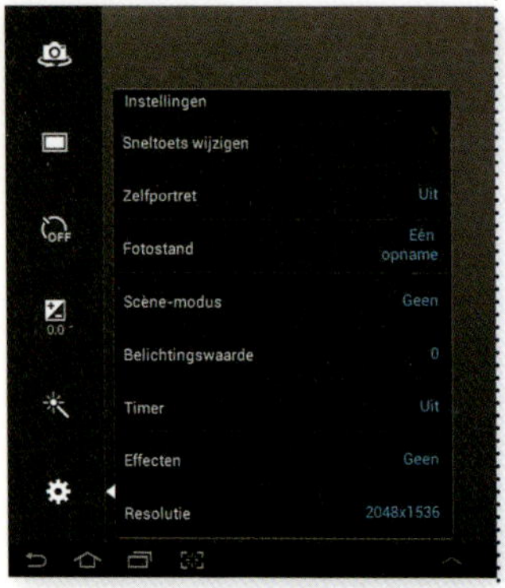

de zelfportretmodus. Daarvoor wordt de camera aan de voorzijde gebruikt.

- *Fotostand*: hier kunt u kiezen tussen *één opname* (er wordt één foto geschoten), *smile shot* (er wordt afgedrukt wanneer de persoon lacht), en *panorama* (hiermee maakt u een panoramafoto).
- *Scène-modus*: gebruik een van de standaardprofielen bij het maken van een foto, bijvoorbeeld voor avond-, sport- of landschapsfoto's.
- *Belichtingswaarde*: hiermee bepaalt u de belichting van de foto en kunt u deze softwarematig corrigeren.
- *Timer*: stel de timer van de camera in: u heeft keuze uit 2, 5 of 10 seconden.
- *Effecten*: geef aan welk effect u op de foto wilt toepassen, waarbij u kunt kiezen uit: *Negatief*, *Zwart-wit* en *Sepia*.
- *Resolutie*: bepaal op welke resolutie uw foto wordt gemaakt. Die is gekoppeld aan het aantal megapixels van de camera en bepaalt hoe scherp uw foto is. Hoe hoger de resolutie, hoe meer geheugen de foto in beslag neemt.
- *Witbalans*: onder welke condities maakt u de foto? Bij daglicht, op een bewolkte dag of juist bij kunstlicht? De camera houdt hier rekening mee.
- *Meting*: hiermee bepaalt u de belichting van de foto. U kunt kiezen tussen centrumgerichte, spot- en matrixmeting (zie kader 'Meting').
- *Richtlijnen*: plaatst een raster op het scherm, dat u helpt bij het maken van de foto.
- *GPS-tag*: bepaal of gps-informatie bij de foto moet worden opgeslagen.

Tip

Snel een andere sneltoets

U kunt via de instellingen de sneltoetsen aan de linkerkant van het scherm aanpassen, maar het gaat sneller door te tikken op de sneltoets die weg mag en uw vinger op het scherm te houden. Er wordt nu een venster zichtbaar, waarin u de nieuwe sneltoets kunt selecteren.

Tip

Meting

Via de meting bepaalt u de belichting van de foto. Bij een centrumgerichte meting wordt het hele beeld gemeten, maar ligt de nadruk op het centrum van het beeld. Bij spotmeting wordt één plaats van het beeld gemeten en bij matrixmeting wordt het beeld verdeeld (waardoor een matrix ontstaat) en worden de afzonderlijke gebieden gemeten. In de meeste gevallen is de matrixmeting de beste keuze.

Foto's bekijken

Via de Galerij-app kunt u foto's bekijken op uw Android-tablet.

Android

1 Tik op *Galerij* om de app te starten.

2 Tik op een map om de inhoud te openen.

3 Als u een foto geopend heeft, ziet u links bovenin de bestandsnaam.

4 De meeste tablets bieden de mogelijkheid uw foto's weer te geven op een ander apparaat (zie kader 'AllShare').

5 U kunt de foto delen via diverse netwerken, bijvoorbeeld Picasa, via e-mail of bluetooth.

6 Als u wilt, kunt u de foto van uw tablet verwijderen.

7 Door te tikken op de knop *Diashow* worden de afbeeldingen als een diavoorstelling weergegeven.

Tip

AllShare

De meeste Android-tablets bieden de mogelijkheid foto's weer te geven op een ander apparaat, bijvoorbeeld een televisie. Bij Samsung heet deze optie AllShare. Om dit te laten werken, moet het andere apparaat over AllShare-ondersteuning beschikken en verbonden zijn met hetzelfde draadloze netwerk.

Andere fabrikanten leveren vergelijkbare opties, soms onder de naam 'DLNA' (Digital Living Network Alliance). DLNA staat voor een set afspraken die fabrikanten van tablets onderling hebben gemaakt om data-uitwisseling te vereenvoudigen. Ook hierbij geldt dat alle apparaten met hetzelfde draadloze netwerk verbonden moeten zijn. In de handleiding van uw tablet staat of DLNA-functies aanwezig zijn (kijk voor meer informatie op www.dlna.org).

Als u foto's aan het bekijken bent, heeft u diverse opties. Deze vindt u uiterst rechts in het scherm, door op de knop *Opties* te tikken.

- *Kopiëren naar klembord*: kopieer de afbeelding naar het tijdelijk geheugen, zodat u haar ergens anders (bijvoorbeeld in een e-mail) kunt plakken.
- *Bijsnijden*: snijd overtollige delen van de foto weg.
- *Foto instellen als*: stel de foto in als achtergrond of als foto van een contactpersoon.
- *Afdrukken*: druk de foto af, deze optie is niet op alle tablets beschikbaar.
- *Bewerk*: bewerk de foto met behulp van de app Foto-editor of Fotostudio; deze optie is niet op alle tablets beschikbaar.
- *Naam wijzigen*: pas de naam van de foto aan.
- *Gegevens*: bekijk de aanvullende gegevens van de foto, zoals de opnamedatum, bestandsgrootte en afmetingen.

7.2d Video's bewerken

Een gemaakte video kunt u bewerken met de app Video maken. Tik op het icoon om de app te starten en vervolgens op *Nieuw*. De app vraagt welk thema u wilt gebruiken. Kies een van de thema's of voor *Geen*.

De app is opgebouwd uit drie onderdelen:
- *Media*: hier ziet u de tijdlijn en het beschikbare materiaal voor uw videoproductie.
- *Effect*: via deze tab voegt u effecten toe aan uw videomateriaal.
- *Overgang*: hier kunt u de overgangen tussen scènes instellen.

Android

1. Tik op *Video's* voor een overzicht van uw bestaande video's.
2. Wilt u een video gebruiken, sleep deze dan naar de tijdlijn onderin en laat hem los om in te voegen.
3. Tik op *Afbeeldingen* om afbeeldingen toe te voegen aan de video.
4. Selecteer de gewenste afbeeldingen.
5. Ga naar *Audio* om muziek toe te voegen.
6. Wilt u bestaande muziek gebruiken als achtergrondmuziek, kies dan voor *Muziek*.
7. Onder *Geluidseffecten* vindt u losse effecten.
8. Om uw eigen geluid op te nemen, kiest u voor *Opnemen*.
9. Wilt u materiaal toevoegen dat nog niet als video op uw tablet staat? Tik dan op *Camera*.
10. Geef aan of u een foto of video wilt maken en de camera van uw tablet wordt geactiveerd.

Media

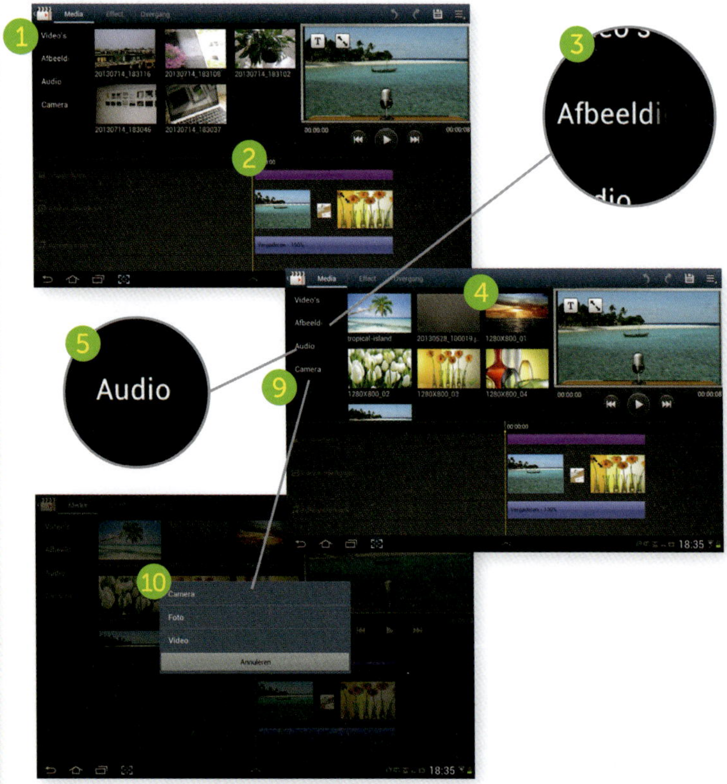

Effect

In het tabblad *Effect* kunt u een effect toevoegen aan het videomateriaal. Per individuele scène wijst u een effect toe; u kunt dus meerdere effecten op één video toepassen.
U kunt kiezen uit:

- geen;
- grijstinten;
- vervagen;
- negatief;
- sepia;
- scherper;
- vintage;
- cartoon.

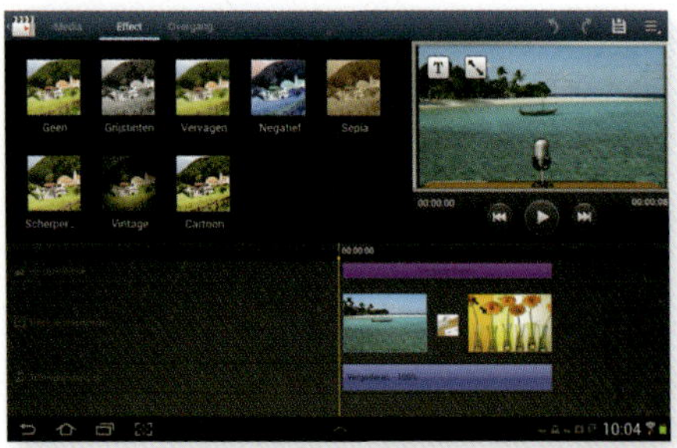

Overgang

Als uw video klaar is, kunt u het resultaat bekijken met de ingebouwde speler, die u rechtsboven in het venster vindt. De video slaat u op door te tikken op de knop *Project opslaan*.

Tip

Ander formaat

De gemaakte video's worden opgeslagen als MP4-bestand. Heeft u een video gemaakt en wilt u deze opslaan in een ander formaat, bijvoorbeeld VGA? Tik op de knop *Opties* (rechtsboven in het venster) en kies voor *Exporteren*. Vervolgens kunt u het gewenste formaat selecteren.

7.2e Boeken en tijdschriften lezen

Er zijn verschillende apps om boeken en tijdschriften te lezen beschikbaar voor uw Android-tablet. Dat is prettig, omdat u zelf kunt kiezen welke boekwinkel de beste collectie boeken heeft. Ook leveren fabrikanten van Android-tablets vaak hun eigen boekwinkel mee. Zo levert Samsung de Readers Hub mee. Het is verstandig eerst deze winkel te bekijken en te beoordelen of deze aan uw wensen voldoet voordat u een andere app downloadt. De hierna besproken apps vindt u uiteraard in de Google Play Store.

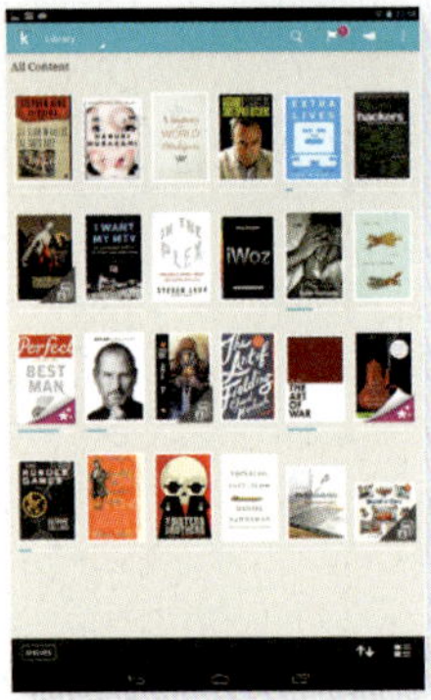

Kobo

De app van Kobo kent een uitgebreide collectie internationale boeken via een gekoppelde webshop, maar kan ook uw eigen boeken tonen. De makers hebben veel aandacht besteed aan de presentatie van het geheel. Ook is er voldoende rekening gehouden met de persoonlijke voorkeuren. Zo kunt u de helderheid van het scherm aanpassen, gebruikmaken van een dag- en nachtmodus en de grootte van de letters veranderen.

Boekenbol

Deze app is gemaakt door Bol.com. Boeken die u via deze winkel koopt, worden automatisch toegevoegd aan de app. U kunt ook boeken aanschaffen, uiteraard via Bol.com. Heeft u de app op meerdere apparaten geïnstalleerd, dan houdt hij bij waar u in het boek bent gebleven en kunt u het lezen op elk ander apparaat weer oppakken.

Aldiko

Aldiko is een verzorgde app om boeken te lezen. U kunt een groot aantal instellingen aanpassen. Denk aan uitlijning, lettergrootte, helderheid en witruimte tussen de regels. U kunt de app gratis gebruiken (Free), maar ook een Premium-versie aanschaffen. Deze biedt enkele extra's: er worden geen advertenties getoond, u kunt aantekeningen maken en updates verschijnen eerder dan voor de kosteloze versie.

8 NAVIGATIE

Geen beter middel dan uw tablet om een gedetailleerde en handige routebeschrijving te maken. Alle tablets hebben een volwaardige navigatie-app aan boord, waarmee u moeiteloos de weg verkent. Als uw tablet een gps-ontvanger heeft, kunt u deze ook gebruiken om de weg te vinden.

U kunt kaarten via wifi downloaden en ze daarna offline bekijken

Een afspraak, uit eten of een dagje eropuit? Uw tablet is een prettige hulp bij het navigeren naar een adres. Zo kunt u een locatie opzoeken en de routebeschrijving ernaartoe bepalen. De meeste tablets zijn uitgerust met een eigen app voor kaarten. Vaak zijn deze apps afhankelijk van een internetverbinding, dan is onderweg een mobiele dataverbinding (3G, 4G of wifi) vereist om de kaarten op te halen. Als u onderweg geen internetverbinding heeft, kunt u kiezen voor apps die de kaarten van tevoren downloaden, waarna ze offline te bekijken zijn.

8.1 iOS

8.1a Kaarten

Op uw iPad opent u de kaarten door te tikken op het icoon van de app Kaarten. De app Kaarten is overzichtelijk opgebouwd. Rechts bovenin vindt u een zoekvak. Hier typt u het adres of de locatie in. Naast het zoekvak vindt u de knop *Contacten*. Deze opent uw adresboek met contactpersonen. Als u een locatie aan een contactpersoon heeft toegevoegd, kunt u deze op de kaart weergeven door op de naam van het contact te tikken.

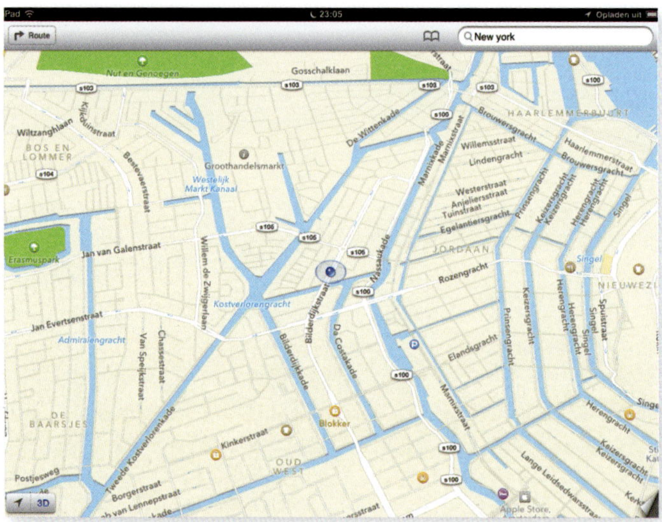

Uiterst links vindt u de knop *Route*. Hiermee stippelt u een route uit tussen twee locaties. Typ het begin- en het eindadres in en tik op *Route*. Bovenin kunt u bovendien aangeven hoe u reist: met de auto, te voet of met het openbaar vervoer. Tik op de knop *Wissel* om de begin- en eindadressen met elkaar om te wisselen.
Op de kaart geeft een gekleurde bol uw locatie aan. Tik op de bol om de details te tonen en vervolgens op het informatiepictogram voor aanvullende informatie. U heeft ook andere opties in het informatievenster.

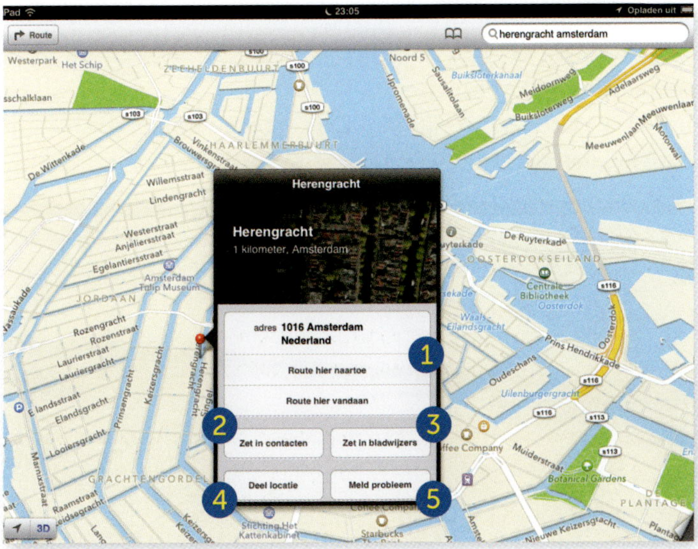

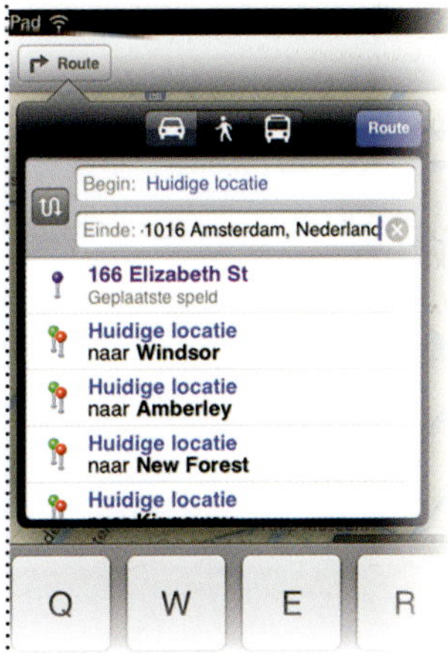

iOS

1 Plan snel een route met de locatie als begin- of eindpunt.

2 Voeg de huidige locatie toe aan uw lijst met contactpersonen.

3 Voeg de locatie toe aan uw lijst met favorieten, zodat u haar later gemakkelijk terugvindt.

4 Deel de huidige locatie via e-mail, iMessage, Twitter of Facebook.

5 Geef aan als er iets niet klopt met de locatie, bijvoorbeeld als de plaats niet bestaat.

Tip

Driedimensionaal
Standaard wordt de kaart in een 2D-weergave getoond, maar door links onderin op de 3D-knop te drukken, wordt de kaart driedimensionaal. Het resultaat is wisselend: in de Verenigde Staten ziet u in de driedimensionale weergave ook de gebouwen. In Nederland is de dekking minder uitgebreid.

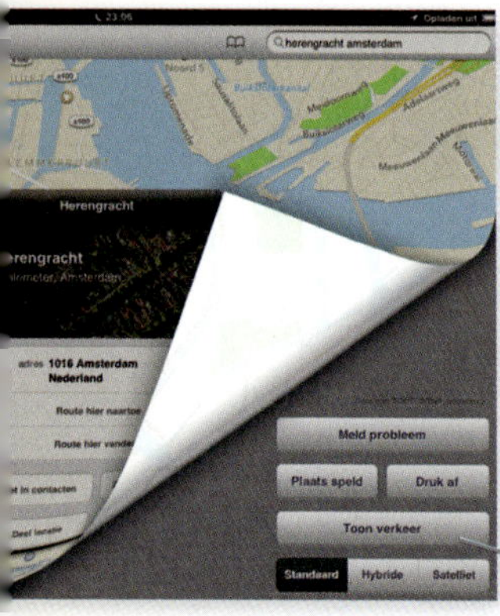

Andere weergave

Kaarten kunnen in meerdere weergaven worden getoond. Tik op het omgeklapte hoekje, rechtsonder op de kaart. U kunt nu uit drie opties kiezen:

- *Standaardweergave*: deze is automatisch geactiveerd.
- *Satellietweergave*.
- *Hybride weergave*: deze combineert de standaard- met de satellietweergave, zodat u de satellietbeelden ziet met de straat- en plaatsnamen.

De optie *Toon verkeer* laat op de kaart zien hoe druk de wegen op dat moment zijn.

Instellingen aanpassen

In het onderdeel *Instellingen* kunt u instellingen van de app Kaarten aanpassen.

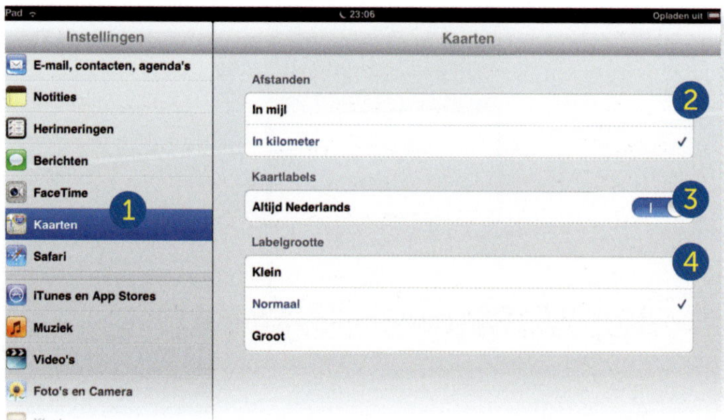

iOS

1 Tik op *Instellingen* en kies *Kaarten*.

2 Bepaal of de afstanden in mijl of kilometer moeten worden getoond.

3 Als u het niet erg vindt dat er soms Engelstalige labels worden getoond (bijvoorbeeld in het buitenland), zet dan de schuif bij *Altijd Nederlands* uit.

4 Stel in of de getoonde labels klein, normaal of groot moeten zijn.

8.1b Gps

Niet elke iPad is uitgerust met gps. Alleen de iPad die naast wifi ook beschikt over een mobiele dataverbinding, heeft een gps-chip aan boord. Modellen met alleen een wifi-verbinding kunnen wel tonen waar u bent, maar doen dit minder nauwkeurig en alleen als ze verbinding maken met wifi. Op basis van de wifi-toegangspunten schat de iPad uw locatie in.

Als u uw locatie wilt bepalen met gps of wifi, moet u de optie voor locatievoorzieningen inschakelen. Dit doet u bij de instellingen, onder de sectie *Privacy*.

> **Google Maps**
> Naast de standaard-app is er ook een iPad-versie van Google Maps beschikbaar (zie par. 8.2a). Deze is te downloaden in de App Store.

8.2 Android

8.2a Google Maps

Op Android-tablets is standaard de app Google Maps geïnstalleerd. Elke keer dat u Google Maps gebruikt, controleert het programma of locatiedetectie is ingeschakeld. Dit is vereist om snel maar globaal te bepalen waar u zich bevindt. Links bovenin vindt u het zoekvak. Daar kunt u een specifiek adres opgeven. U kunt ook spraakgericht zoeken door op de microfoon naast het zoekvak te tikken. Door op de knop *Mijn locatie* te tikken kunt u snel uw huidige locatie bepalen.

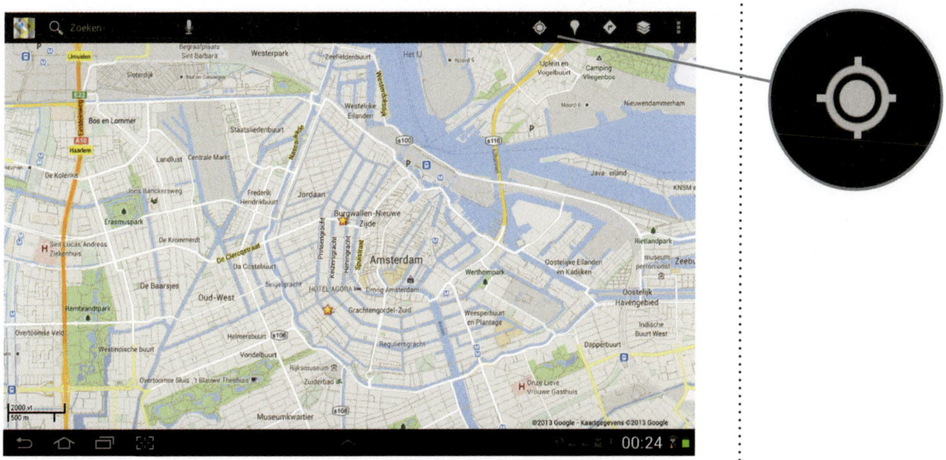

Tip

Inzoomen

Als u meer wilt zien van een specifiek gebied, zoomt u in op de kaart. Tik dubbel op de locatie waarop u wilt inzoomen. U kunt ook uw vingers uit elkaar bewegen om in te zoomen.

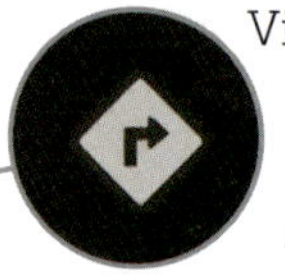

Via de knop *Routebeschrijving* kunt u de route bepalen tussen twee locaties. U bepaalt hierbij of de weg per auto, bus, fiets of te voet wordt afgelegd; tik op de knop van het vervoermiddel dat u wilt gebruiken. Nadat u de twee locaties heeft opgegeven, tikt u op *Tonen*. U kunt ook de huidige locatie als start- of eindpunt opgeven, kies dan voor *Mijn locatie*.

Als u meer wilt weten over een locatie op de kaart, tikt u op de ballon boven de locatie. Er wordt een nieuw venster geopend met aanvullende informatie over de locatie, foto's en recensies van andere gebruikers.

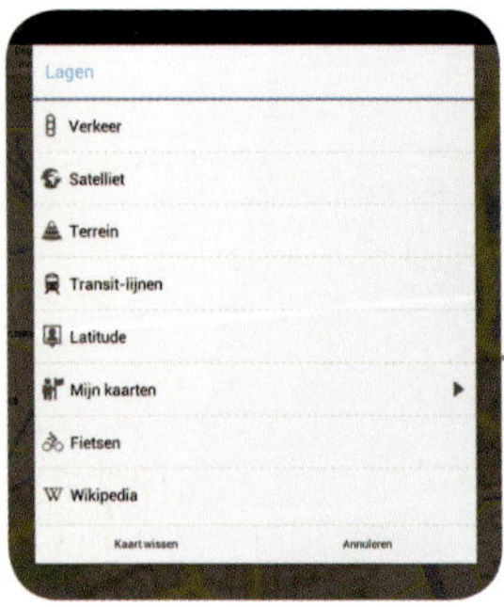

U kunt tot in detail bepalen welke informatie op de kaart wordt getoond met behulp van de optie *Lagen*. In het getoonde pop-upvenster bepaalt u welke onderdelen moeten worden getoond.

Tip

Interessante locaties

Bent u benieuwd wat er in de omgeving te beleven valt? Tik op *Plaatsen*. Het gebied wordt gecontroleerd en er wordt onder andere gekeken of er restaurants en cafés in de buurt zijn. Ook bezienswaardigheden (door Android 'trekpleisters' genoemd) worden getoond. Tik op een categorie om de details te zien. U kunt ook de interessante locaties van een ander adres zien. Tik dan op de adresregel en voer een adres in. Vervolgens tikt u weer op de knop *Plaatsen*.

Favoriete plaatsen kiezen

In Google Maps kunt u favoriete locaties markeren met een ster, zodat u deze altijd gemakkelijk kunt terugvinden. Dat gaat als volgt:

8.2b Gps

Als uw tablet is uitgerust met een gps-ontvanger, kunt u het best bij de instellingen, onder de sectie *Locatiegegevens,* de optie *GPS-satellieten gebruiken* inschakelen. De locatiebepaling is dan nauwkeuriger dan via wifi. Zorg ervoor dat er vrij uitzicht is op de lucht, zodat uw tablet de gps-satellieten kan 'zien'. In Android kunt u helaas niet per app bepalen of de locatiegegevens mogen worden gebruikt. Het is alles of niets.

8.2c Navigeren

Op uw Android-tablet vindt u de app Navigatie, die speciaal voor navigeren is ontwikkeld. In het hoofdscherm kunt u kiezen uit vier opties:

Android

1 Ga op zoek naar de locatie die u aan de favoriete locaties wilt toevoegen.

2 Tik op de locatie, zodat links het venster verschijnt met informatie erover.

3 Tik op de ster, rechtsboven in het venster. De ster licht op en de pagina is toegevoegd aan de favoriete locaties.

4 Om een overzicht van locaties op te vragen, tikt u op de knop *Opties en* kiest u voor *Mijn plaatsen.*

5 De tab *Plaatsen met ster,* geeft een lijst van alle favoriete locaties. De tab *Recent* laat zien welke locaties u onlangs heeft gezocht. Vooral als u veel locaties heeft gezocht, is deze lijst prettig om snel een eerdere locaties terug te vinden.

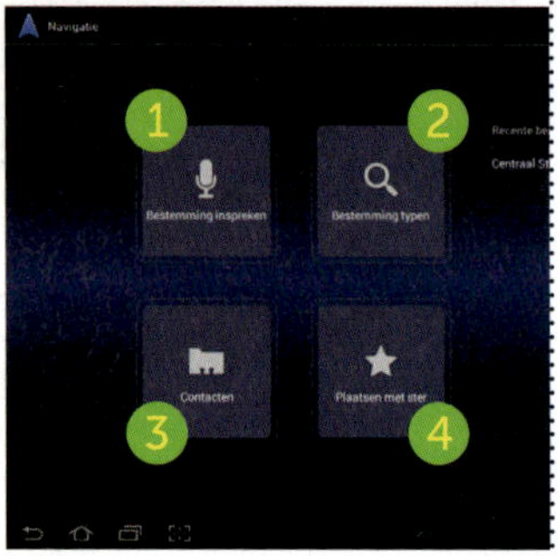

1. de bestemming inspreken;
2. de bestemming intypen;
3. een locatie selecteren uit de lijst met contactpersonen;
4. een bestemming selecteren uit uw favoriete locaties van Google Maps.

Wilt u een locatie aanwijzen op de kaart, dan tikt u op de knop *Kaart*. Wijs de locatie aan en klik op *Bestemming instellen*.
Als u de bestemming eenmaal heeft ingesteld, werkt de app als een 'normaal' navigatiesysteem.

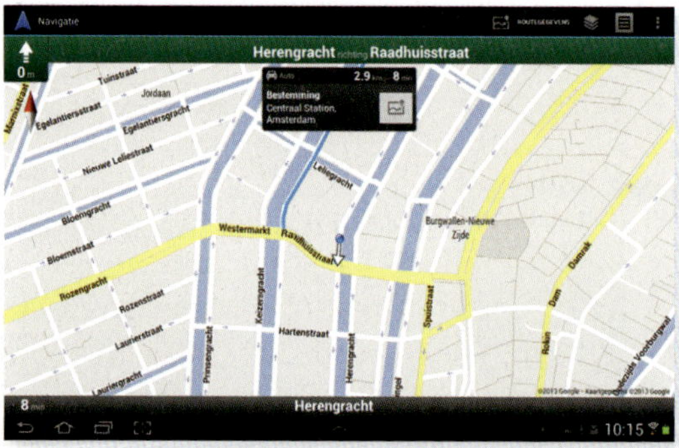

> **Tip**
>
> **Te voet**
>
> **De app is ook bruikbaar als u niet met de auto, maar te voet reist. Tik op de knop met de auto rechts bovenin. Kies in het pop-upvenster voor *Lopen*.**

Extra opties

Via *Opties* heeft u toegang tot aanvullende opties. Klik op *Routeopties*, als u wilt bepalen aan welke voorwaarden de route moet voldoen. U kunt kiezen tussen *Snelwegen vermijden* en *Tolwegen vermijden*. U kunt ook het scherm dimmen als er geen routeaanwijzingen zijn activeer daarvoor *Scherm dimmen*.

9

APPS

De veelzijdigheid van uw tablet wordt grotendeels bepaald door de apps die u erop installeert. Het aantal apps groeit dagelijks, voor zowel iOS als Android, maar de kwaliteit verschilt onderling enorm. Toch bestaan er verschillende apps die simpelweg niet mogen ontbreken op uw tablet.

Kies, indien mogelijk, altijd voor een app die speciaal voor tablets is ontwikkeld

In de voorgaande hoofdstukken hebben we apps besproken die standaard op tablets zijn geïnstalleerd. Met deze apps kunt u basisacties uitvoeren op de tablet. Wilt u meer? Dat kan. Je kunt het zo gek niet bedenken of er is een app voor beschikbaar. Apps zijn er in alle soorten en maten, soms gemaakt door een professioneel bedrijf, soms door een enthousiaste programmeur op een zolderkamer. De kwaliteit kan onderling flink verschillen, al proberen Apple en Google controle uit te oefenen op de apps die via hun appstores verspreid worden. Niet alle apps zijn speciaal voor tablets gemaakt. Sommige ontwikkelaars kiezen ervoor een aparte app voor de smartphone en de tablet te ontwikkelen, andere maken één app voor beide apparaten. Apps die voor de smartphone zijn ontwikkeld, werken niet altijd prettig op de tablet: het scherm heeft een ander formaat, waardoor beelden worden uitgerekt, en de werking is vaak niet geoptimaliseerd voor gebruik op een tablet. Als u kunt kiezen tussen een app voor de smartphone en één voor de tablet (vaak aangeduid met 'HR' achter de naam), kiest u dus altijd voor de tabletvariant.

Sideloaden

De meeste apps worden verspreid via de appstores: Apple App Store en de Google Play Store. U kunt (bij de iPad pas na een jailbreak, zie par. 1.3a) ook apps downloaden buiten de appstores om. Dit noemen we *sideloaden*. De kwaliteit van deze apps is echter niet gecontroleerd en u loopt een groter risico om schadelijke software binnen te halen. Daarom gaan we in dit hoofdstuk alleen uit van apps die u via de gangbare kanalen binnenhaalt.

Tip

De leukste gratis apps

Het boek *De leukste gratis apps* maakt u wegwijs in het oerwoud van gratis apps (consumentenbond.nl/deleukstegratisapps).

9.1 Apple App Store

In de App Store vindt u alle apps voor de iPad. Tik op het pictogram om de App Store te openen. Om apps te kunnen downloaden heeft u een Apple ID nodig (zie par. 3.2f).

9.1a De winkel verkennen

De App Store opent in de sectie *Uitgelicht*, waar apps worden weergegeven die de redactie aanraadt en die het populairst zijn. U kunt deze aanraders ook per categorie bekijken. De sectie *Hitlijsten* geeft een overzicht van de meest gedownloade apps. De optie *Genius* geeft u tips op basis van apps die u eerder gedownload heeft. Onder *Aankopen* vindt u de apps die u heeft gedownload en bij *Updates* kunt u zien of er updates beschikbaar zijn voor geïnstalleerde apps. De App Store heeft ook een eigen zoekfunctie, waarmee u naar specifieke apps kunt zoeken.

Als u op het pictogram van een app tikt, ziet u meer informatie over die specifieke app.

1. Naam van de app.
2. De waardering door andere gebruikers, op een schaal van één tot vijf sterren.
3. Als de app geld kost, staat hier de prijs; anders staat er *Gratis*. Om de app te downloaden, tikt u hierop.
4. Screenshots en beschrijving.
5. Lees beoordelingen van andere gebruikers of beoordeel de app zelf.

Tip

Gerelateerd

In de sectie *Gerelateerd* ziet u welke apps gerelateerd zijn aan de geselecteerde app. Dit kunnen apps zijn van dezelfde maker of apps die ook door gebruikers van deze app zijn aangeschaft.

9.1b Apps updaten

Voor apps worden regelmatig verbeterde updates uitgebracht. Als er updates beschikbaar zijn, ziet u een rood rondje bij de sectie *Updates*. Het cijfer hierin geeft aan voor hoeveel apps er updates zijn. De updates worden pas geïnstalleerd als u daar toestemming voor heeft gegeven.

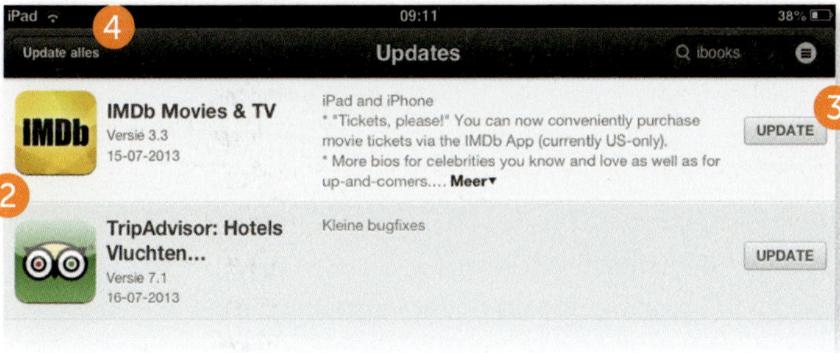

iOS

1 Ga naar *Updates*. Hier ziet u voor welke apps updates beschikbaar zijn.

2 U ziet hier een korte omschrijving van de update. Als u op de app tikt ziet u aanvullende informatie.

3 Tik op *Update* om de update te installeren.

4 Tik op *Update alles* om alle beschikbare updates te installeren.

9.2 Google Play Store

Nieuwe apps op uw Android-tablet downloadt u via de Google Play Store (zie par. 3.3f). U kunt uw Google-account gebruiken om een reservekopie te maken van belangrijke onderdelen, zoals apps en wachtwoorden. Als u de Play Store voor de eerste keer opent wordt gevraagd of u een back-up wilt maken, deze optie is standaard aangevinkt. Als u dat niet wilt, verwijder het vinkje dan.

Betalingsgegevens opgeven

Niet alle apps zijn gratis; u kunt in de Google Play Store betalen met uw creditcard. Deze kunt u tijdens het aanmelden bij Google Play koppelen aan uw account. Toekomstige aankopen worden dan automatisch afgerekend via uw creditcard. Als u de gegevens opgeeft en vervolgens op *Opslaan* tikt, wordt een Google Wallet-account gemaakt, waarin de betaalinformatie wordt bewaard. De creditcardgegevens worden beveiligd opgeslagen op de servers van Google. Als u uw gegevens niet wilt opslaan, klik dan op *Overslaan*.

9.2a De winkel verkennen

Google Play is ingedeeld in een aantal secties, deze vindt u in de balk bovenin het startscherm. De appstore opent in de sectie *Aanbevolen voor u,* waar onder andere apps worden weergegeven die de redactie aanraadt en die het meest populair zijn. De sectie *Categorieën* toont alle categorieën waarin de apps verdeeld zijn, onder andere financiën, fotografie en media. Daarnaast zijn er secties waar de populairste en nieuwste apps (onderverdeeld in betaald en gratis) te vinden zijn en een sectie voor apps die in populariteit stijgen. De Google Play Store heeft een ingebouwde zoekfunctie, waarmee u gericht kunt zoeken naar een app.

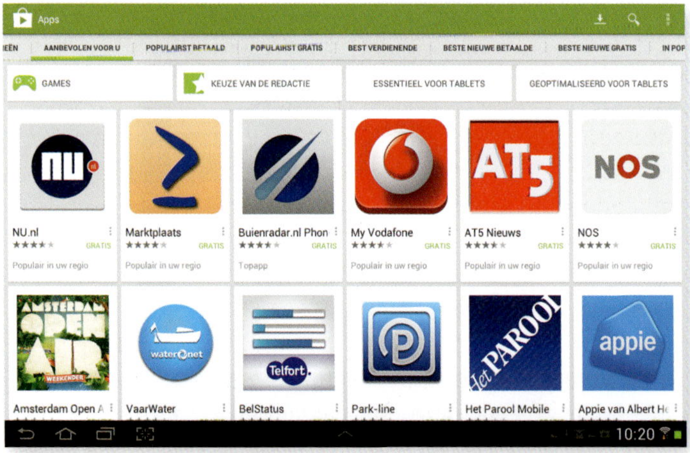

Tik op een app: in het volgende scherm ziet u de belangrijkste gegevens over deze app:

1. Naam van de app.
2. De waardering door andere gebruikers, op een schaal van één tot vijf sterren en het aantal downloads.
3. Verschijningsdatum en omvang van de app.
4. Prijs van de app: als hier *Installeren* staat is de app gratis. Om de app te downloaden, tikt u hierop.
5. Screenshots en beschrijving.
6. Omschrijving van de laatste update.
7. Meer apps van dezelfde ontwikkelaar.

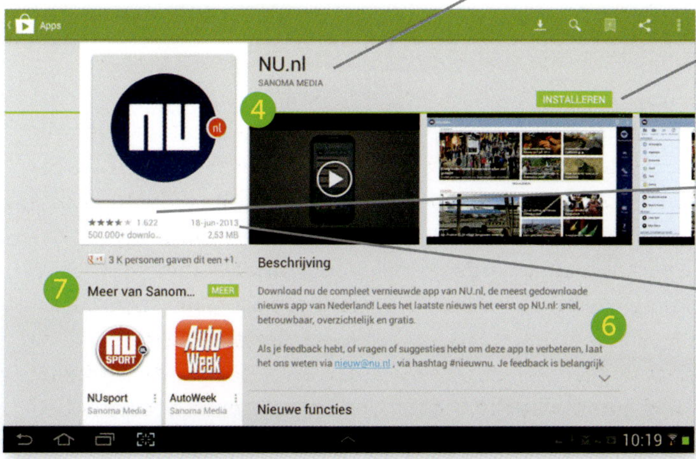

Verder naar onder ziet u welke andere apps gebruikers hebben bekeken en geïnstalleerd. Helemaal onderaan leest u recensies van gebruikers. Wees gezond kritisch als u deze doorleest. Sommige beoordelaars ontvangen van de ontwikkelaars een financiële vergoeding voor het schrijven van een recensie en een concurrent kan een negatieve recensie achterlaten.

9.2b Apps updaten

Voor apps worden regelmatig updates uitgebracht om verbeteringen door te voeren of bugs (fouten) eruit te halen. Het is daarom belangrijk dat u regelmatig controleert of er

updates zijn. Ze worden pas geïnstalleerd als u daar toestemming voor heeft gegeven. Google Play is standaard zo ingesteld dat er automatisch gecontroleerd wordt op updates. U krijgt een melding bij een update.
U installeert als volgt updates voor uw apps:

Android

1 Tik op de knop *Mijn apps*.

2 Kies voor het tabblad *Alle* om alle apps te zien die op uw tablet geïnstalleerd zijn.

3 Kies voor het tabblad *Geïnstalleerd* om een overzicht te krijgen van de apps waar updates voor beschikbaar zijn.

4 Selecteer een app om de details weer te geven. U ziet nu de kenmerken van de app; als u meer wilt weten over een kenmerk tikt u daarop. Er verschijnt dan een pop-upvenster met aanvullende informatie.

5 Tik op *Bijwerken* om de update te installeren.

6 Tik op *Alles updaten* om alle beschikbare updates te installeren.

Tip

Altijd automatisch bijwerken

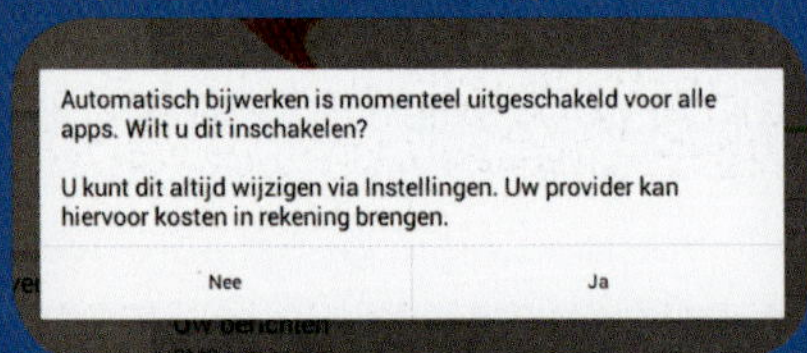

Heeft u geen zin om telkens handmatig updates te installeren? Met uw toestemming kan Google Play zelf de updates binnenhalen, zodat u er geen omkijken meer naar heeft. Open de sectie *Mijn apps* en selecteer de app waarvoor u de updates automatisch wilt toepassen. Tik vervolgens op de optie *Autom. bijwerken toestaan*.

Nergens aan vastzitten
Voorkom dat u te afhankelijk wordt van een aanbieder, bijvoorbeeld als u gegevens kunt opslaan in aangeboden opslagruimte. De mogelijkheid bestaat altijd dat de dienstverlening wijzigt of zelfs geheel ophoudt. Let op mogelijkheden als het kunnen downloaden of exporteren van uw materiaal, zodat u het altijd weg kunt halen bij de aanbieder. Google past regelmatig diensten aan. Op de Engelstalige website www.dataliberation.org (een initiatief van Google zelf) leest u hoe u gegevens in verschillende diensten van Google kunt im- en exporteren.

9.3 Onmisbare apps

Er zijn honderdduizenden apps beschikbaar. Welke u uiteindelijk kiest, is persoonlijk. Wij maakten alvast een selectie van apps die – volgens ons – onmisbaar zijn. Niet elke app is geschikt voor elk platform. Bij elke app leest daarom voor welk besturingssysteem deze geschikt is.

Gratis apps?
Veel apps zijn gratis te downloaden, al is gratis een betrekkelijk begrip. Vaak betaalt u met uw persoonlijke gegevens. Controleer voordat u een app downloadt tot welke gegevens deze toegang eist en vraag u af of dit wel nodig is voor de functionaliteit. Bepaal vervolgens of u de app wilt installeren.

Tip

Grootte
Bij de hier besproken apps vermelden we de grootte. Dit is een indicatie. De daadwerkelijke ruimte die de app in beslag neemt op uw tablet is afhankelijk van het type tablet en de versie van de app.

9.3a Handig

Mobiel bankieren

Banken verwachten dat klanten hun bankzaken steeds meer gaan regelen met smartphone of tablet. Daarom hebben de meeste Nederlandse banken apps uitgebracht voor mobiel bankieren. De functionaliteiten van deze apps zijn over het algemeen hetzelfde: u kunt eenvoudig uw rekeningen onderhouden en overschrijvingen doen. Hieronder vindt u de mobiel-bankieren-apps van de grootste Nederlandse banken.

ABN AMRO

Naam:
Mobiel Bankieren
Geschikt voor:
iOS, Android
Grootte:
18 MB, 10 MB

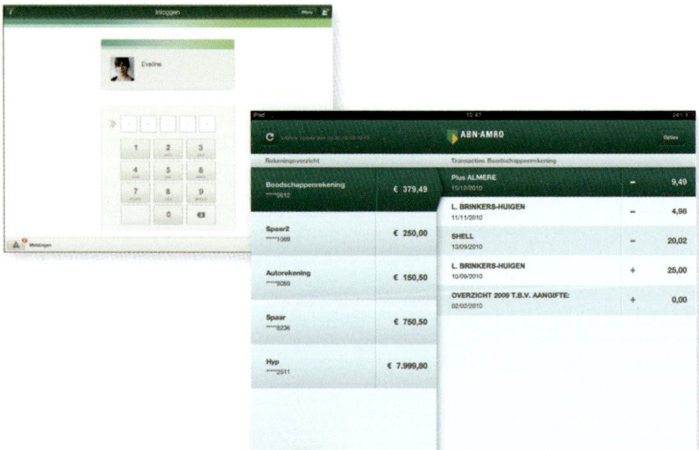

ING

Naam:
ING Bankieren
Geschikt voor:
iOS, Android
Grootte:
22,4 MB, 5,5 MB

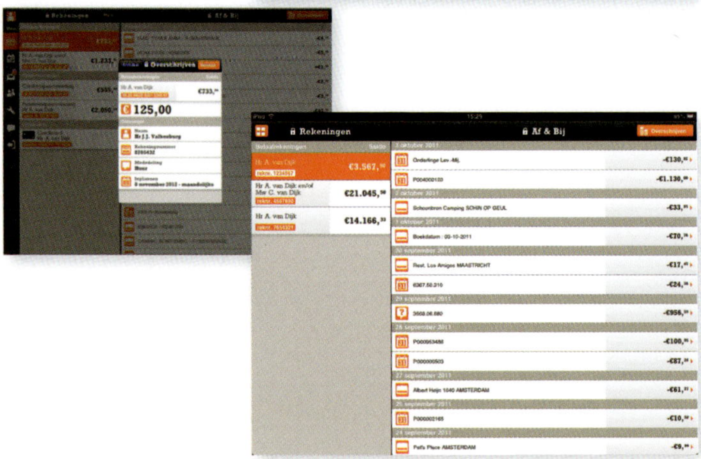

Rabobank

Naam:
Rabo Bankieren
Geschikt voor:
iOS, Android
Grootte:
5,7 MB, 1,9 MB

SNS

Naam: SNS Mobiel Bankieren
Geschikt voor:
iOS, Android
Grootte:
9,4 MB, 4,7 MB

ASN

Naam: ASN Mobiel Bankieren
Geschikt voor:
iOS, Android
Grootte:
7,2 MB, 4,8 MB

RegioBank

Naam: RegioBank - Mobiel Bankieren

Geschikt voor: iOS, Android

Grootte: 6 MB, 3,2 MB

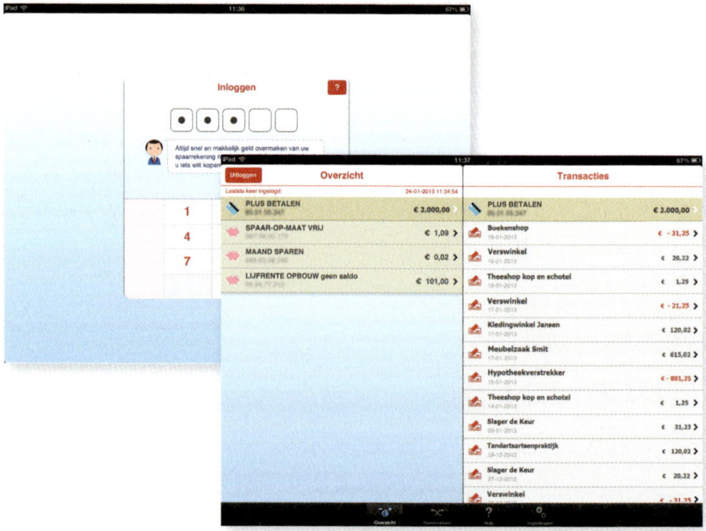

Dropbox

Geschikt voor: iOS, Android

Grootte: 14,3 MB, 6,6 MB

Dropbox werkt als een online harde schijf. Bestanden die u hier opslaat zijn altijd en overal toegankelijk. Via de Dropbox-app kunt u bestanden in uw account opslaan en openen. Er zijn apps beschikbaar voor uw tablet, smartphone en laptop. Ook kunt u de bestanden openen via de browser.

Evernote

Geschikt voor:
iOS, Android

Grootte:
40,9 MB, 14 MB

Ideeën, aantekeningen, gedachten: u kunt ze allemaal opslaan in Evernote. Uw tablet wordt een groot notitieblok, dat bovendien te delen is met uw andere apparaten (mits Evernote daarop geïnstalleerd is). U kunt notities dus ook lezen op uw smartphone of laptop. Met deze app kunt u niet alleen tekst opslaan, maar ook foto's en gesproken tekst. De zoekfunctie, waardoor ook grote hoeveelheden tekst makkelijk doorzoekbaar zijn, is handig.

Nu.nl

Geschikt voor:
iOS, Android

Grootte:
7 MB, 2,5 MB

Nu.nl is de afgelopen jaren uitgegroeid tot een van de meestgelezen nieuwssites. De categorieën die op de site gebruikt worden, zijn ook opgenomen in de app, waardoor u snel het nieuws vindt dat u interessant vindt. Ook foto's en video's kunt u via de app bekijken. Daarnaast bevat de app een tv-gids en kunt u het journaal in een minuut kijken.

CB Kiosk

Geschikt voor:
iOS, Android
Grootte:
8,8 MB, 17 MB

Via CB Kiosk heeft u toegang tot de publicaties van de Consumentenbond waarop u geabonneerd bent. U kunt via de app andere publicaties of e-books met korting aanschaffen. Bent u nog geen lid van de Consumentenbond? Ook dan kunt u via de app tijdschriften, boeken en zelfs losse artikelen aanschaffen.

Skype

Geschikt voor:
iOS, Android
Grootte:
31,1 MB, 15 MB

Met Skype kunt u chatten en bellen met uw familie, vrienden en collega's. Als uw tablet een camera aan de voorzijde heeft, kunt u bovendien videochatten. Het maakt daarbij niet uit welk apparaat door uw contactpersoon wordt gebruikt. Dit kan een laptop, tablet of smartphone zijn. Zolang er maar Skype op draait.

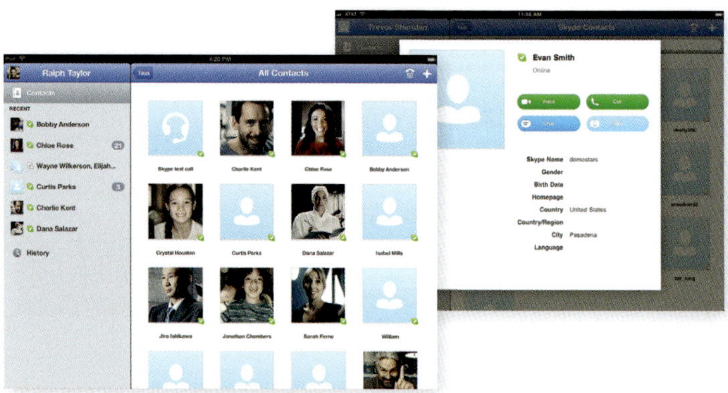

Het fotobewerkingsprogramma Photoshop is er ook voor de tablet. Met deze app kunt u foto's maken en bewerken met een afgeslankte set van het gereedschap dat u van Photoshop voor de pc of Mac gewend bent. Zo kunt u rode ogen verwijderen en het beeld bijsnijden, roteren en optimaliseren. Vervolgens kunt u de foto's delen binnen uw sociale netwerken. Wilt u meer effecten, dan kunt u het Adobe Effects Pack aanschaffen (iOS: €2,69, niet voor Android).

Photoshop Express
Geschikt voor:
iOS, Android
Grootte:
35,9 MB, 1,3 MB

Geen zin om te koken? Met de app van Thuisbezorgd.nl kunt u eenvoudig iets laten bezorgen. Deze app toont alle beschikbare restaurants in de omgeving; vervolgens kunt u direct vanuit de app uw eten bestellen. U kunt ook recensies van andere gebruikers lezen voordat u de bestelling plaatst.

Thuisbezorgd.nl
Geschikt voor:
iOS, Android
Grootte:
4,1 MB, 0,9 MB

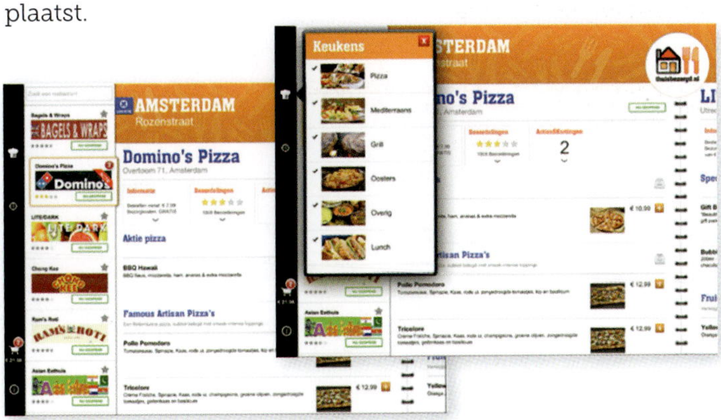

CB Auto

Geschikt voor:
iOS
Grootte:
66,9 MB

Deze app helpt u bij het aankoopproces van een tweedehandsauto. Deze app staat boordevol tips en informatie over het kopen van een occasion. De app begeleidt u door alle fases, van oriënteren tot kiezen en kopen.

9.3b Weer en verkeer

WeatherPro HD for Tablet

Geschikt voor:
iOS, Android
Grootte:
21,9 MB, 16 MB
Prijs: €4,49, €3,99

Neem geen genoegen met de standaard weer-apps voor uw tablet. Weather Pro HD is een betrouwbare en uitgebreide app voor weersvoorspelling uitgebracht. Er wordt slim gebruik gemaakt van het grote scherm van de tablet en de app beschikt over een voorspelling op uurniveau.

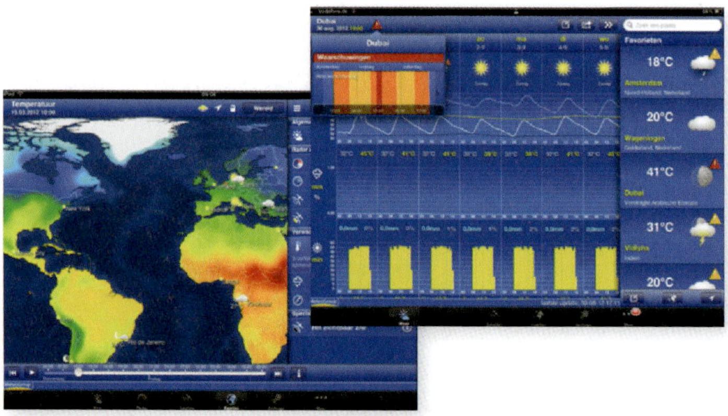

Wilt u weten waar het regent of wanneer de regenbui ophoudt? De Buienradar-app geeft hier antwoord op. U ziet de kaart van Nederland en een animatie geeft aan hoe de regenval zich ontwikkelt. Ook ziet u een voorspelling van de regenval en het weer.

Buienradar HD

Geschikt voor:
iOS, Android
Grootte:
2,5 MB, 1,4 MB

Bent u klaar om de weg op te gaan? De app ANWB Verkeer geeft aan hoe druk het is op de weg, waar er files staan en waar er geflitst wordt. Ook leuk: u kunt de beelden van de webcams van Rijkswaterstaat bekijken. De app kent bovendien een integratie met Buienradar, zodat u kunt zien waar het in Nederland regent. De HD-versie van deze app is bij het verschijnen van dit boek (augustus 2013) nog niet beschikbaar voor Android. U kunt wel de smartphone-app van ANWB Verkeer op uw tablet installeren.

ANWB Verkeer HD

Geschikt voor:
iOS, Android
Grootte:
8,3 MB, 3,3 MB

9.3c Video, televisie en muziek

Dataverbruik
De meeste apps in deze paragraaf gebruiken uw internetverbinding om video of audio te streamen. Gebruik deze apps bij voorkeur als u een wifiverbinding heeft. Als u een data-abonnement heeft en via de reguliere verbinding streamt, kan dat erg veel data kosten.

Uitzending Gemist
Geschikt voor:
iOS, Android
Grootte:
8,5 MB, 1,2 MB

Met de app van Uitzending Gemist kunt u uitzendingen van de publieke omroep terugkijken op uw tablet. Let er wel op dat sommige programma's, vooral buitenlandse series, niet beschikbaar zijn. Ook zijn de programma's via de app maar 10 dagen terug te kijken.

RTL XL
Geschikt voor:
iOS, Android
Grootte:
3,7 MB, 1,7 MB

De televisie-uitzendingen van RTL die u op een later moment kunt terugzien, vindt u in de RTL XL-app. Ook hier geldt dat vooral eigen programma's te zien zijn; veel buitenlandse series kunnen, in verband met de rechten, niet teruggekeken worden.

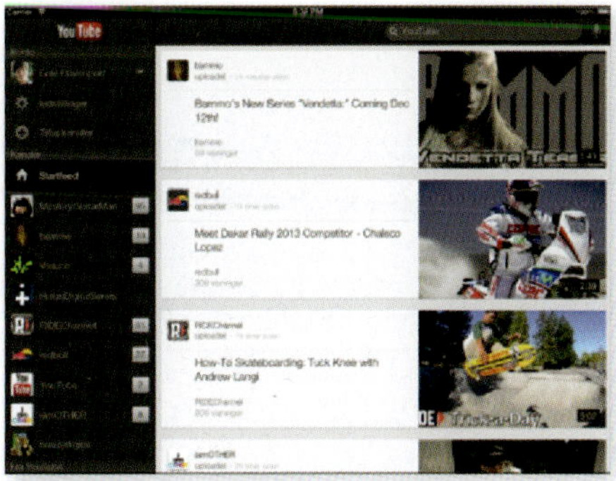

App van de bekende videodienst YouTube. U kunt zoeken naar video's en deze bekijken. De schermweergave is aangepast voor smartphones en tablets, waardoor het beeld goed blijft. U kunt de video's toevoegen aan een afspeellijst, zodat u ze later gesorteerd kunt bekijken. Ook kunt u eenvoudig video's delen via sociale netwerken. Om u te abonneren op videokanalen heeft u een Google-account nodig (zie par. 3.3f).

YouTube

Geschikt voor:
iOS, Android
Grootte:
11,2 MB, 6,4 MB

Tip

YouTube en de Consumentenbond

Wist u dat de Consumentenbond ook een YouTube-kanaal heeft? Hier vindt u productbesprekingen, tips en advies. U vindt het kanaal via www.youtube.com/consumentenbond.

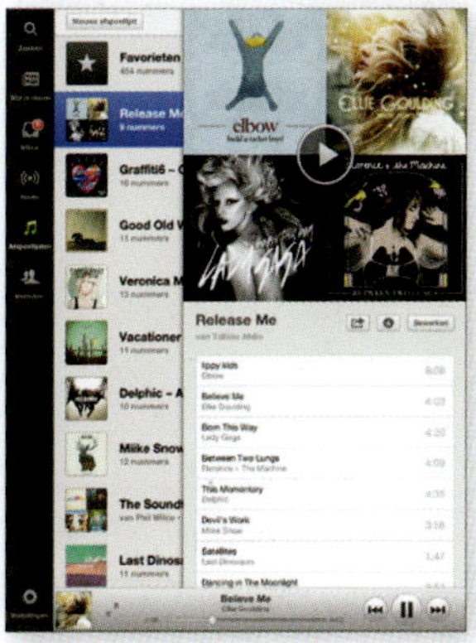

Met Spotify heeft u de beschikking over een database met miljoenen liedjes, waarmee u zelf afspeellijsten kunt maken. Ook kunt u binnen Spotify radiostations en afspeellijsten van andere gebruikers beluisteren, maar ook berichten verzenden. Om de app te kunnen gebruiken, logt u in met een Spotify-account of uw Facebook-account. Bij de instellingen staat de vraag of u uw activiteit op Spotify wilt publiceren op Facebook. Als u niet wilt dat uw activiteiten zichtbaar zijn voor uw Facebookvrienden, zorg er dan voor dat deze melding op *Alleen ik* staat.

Spotify

Geschikt voor:
iOS, Android
Grootte:
30,4 MB, 17,6 MB

Abonnement

U kunt Spotify op de tablet 48 uur gratis gebruiken. Daarna heeft u een abonnement nodig van €9,99 per maand. U kunt dan op uw computer, smartphone en tablet muziekluisteren.

Shazam

Geschikt voor:
iOS, Android
Grootte:
18,3 MB, 11,9 MB

Iedereen hoort weleens een nummer dat hij niet direct herkent. Shazam is in dergelijke gevallen ideaal. Het enige dat u hoeft te doen, is de tablet omhooghouden en op de knop drukken. Shazam zoekt en vindt voor u de artiest, de titel van het nummer en de albumcover. De gevonden gegevens worden bewaard in een lijstje, zodat u ze later opnieuw kunt bekijken.
U kunt via Shazam ook video's op YouTube bekijken, teksten meelezen (of -zingen) terwijl de muziek wordt afgespeeld en de concertagenda raadplegen. Liedjes die u heeft gevonden, kunt u delen via Facebook en Twitter.

9.3d Social media

Via de officiële Twitter-app kunt u tweets delen en lezen. Binnen de app kunnen pushberichten worden ingesteld, zodat u een melding krijgt als er een tweet wordt geplaatst waarin u vermeld wordt.

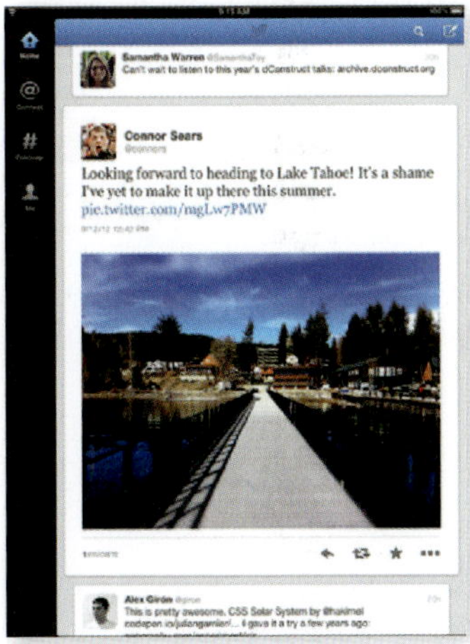

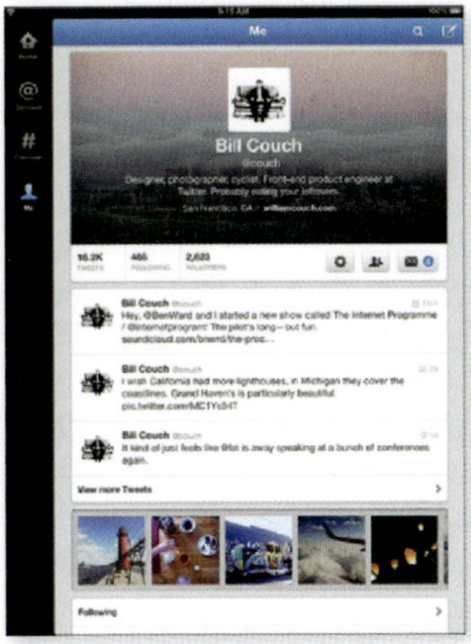

Twitter

Geschikt voor:
iOS, Android
Grootte:
23,8 MB, 6,4 MB

Blijf op de hoogte van de updates binnen uw vriendennetwerk van Facebook. Met deze app ziet u waar uw vrienden zijn ingecheckt, welke updates zij plaatsen en met wie ze bevriend zijn. Zelf kunt u via de app onder meer updates en foto's plaatsen. Als u veel berichten verstuurt via Messenger, kunt u bovendien de app Facebook Messenger installeren, waarmee u gemakkelijk kunt chatten met uw Facebook-vrienden (daarvan is nog geen speciale tablet-versie).

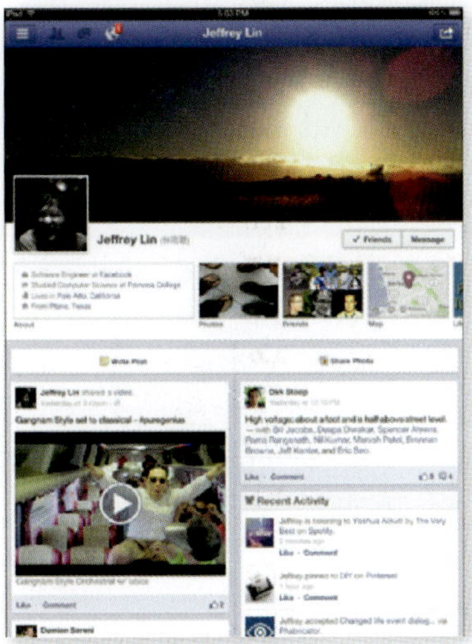

Facebook

Geschikt voor:
iOS, Android
Grootte:
35,6 MB, 25,6 MB

Facebook Messenger

Geschikt voor:
iOS, Android
Grootte:
18,7 MB, 12 MB

LinkedIn

Geschikt voor:
iOS, Android
Grootte:
25,5 MB, 10 MB

Wat Facebook is voor uw privéleven, is LinkedIn voor uw zakelijke connecties. Deze app geeft u toegang tot uw LinkedIn-account. U blijft op de hoogte van updates binnen uw zakelijke netwerk en plaatst ook zelf gemakkelijk updates.

Pinterest

Geschikt voor:
iOS, Android
Grootte:
26,8 MB, 5,4 MB

Pinterest is een socialmediaplatform waar gebruikers foto's (*pins*) kunnen uploaden, bewaren en sorteren. Ook nieuwsberichten, weetjes en links kunt u aan uw eigen profiel toevoegen. U bent niet gebonden aan één profielpagina, maar kunt er verschillende hebben. Zo kunt u uw pins in meerdere categorieën verdelen. Daarnaast kunt u een collectie opbouwen, waarin u foto's van uzelf en anderen kunt samenvoegen. In Pinterest kunnen gebruikers elkaars pagina's volgen. De foto's die u op Pinterest plaatst, kunt u ook delen via Facebook en Twitter.

10

UW TABLET BEVEILIGEN

Diefstal, verlies: een ongeluk schuilt in een klein hoekje. Zorg dat uw tablet altijd is beveiligd. Zo verkleint u de kans dat uw kostbare bestanden verloren gaan en vergroot u de kans dat u de tablet kunt terugvinden.

Beveilig de gegevens op uw tablet

Het beveiligen van de tablet gaat verder dan opletten dat deze niet gestolen wordt. Ook de gegevens die op uw tablet staan, kunt u beveiligen. Zo voorkomt u dat derden er met uw persoonsgegevens vandoor gaan.
Wellicht wilt u ook dat uw kinderen de tablet gaan gebruiken. In dat geval zijn er speciale instellingen, waardoor de tablet een stuk kindvriendelijker wordt.

10.1 Veilig online

Surfen op uw tablet, daar is niks mis mee. Maar neem wel de nodige voorzorgsmaatregelen in acht, zodat uw tablet en gegevens goed zijn beveiligd. Vooral als u gebruikmaakt van een openbare wifiverbinding, is het verstandig extra op te letten.

Kies het juiste netwerk

Openbaar internet is volop beschikbaar, maar wees terughoudend met surfen via zo'n verbinding. Niet alle openbare toegangspunten zijn voldoende beveiligd. Dit betekent dat uw gegevens – zoals aanmeldingsgegevens voor e-mail en Facebook – in theorie kunnen worden onderschept. Als u een data-abonnement heeft, maak daar dan gebruik van op een openbare locatie. Bent u aangewezen op het gebruik van wifi? Maak dan alleen verbinding met netwerken die u vertrouwt.

Bezoek beveiligde websites

Kunt u kiezen tussen onbeveiligde en beveiligde websites, kies dan altijd voor de beveiligde variant. U herkent deze websites aan het voorvoegsel 'https' in het webadres. Zo kunt u bijvoorbeeld surfen naar http://www.facebook.com, maar ook naar https://www.facebook.com. Beveiligde websites versleutelen uw gegevens, waardoor derden er niet gemakkelijk bij kunnen. Heeft een website ook een app om dezelfde informatie te tonen? Kies bij een openbare verbinding dan toch voor de beveiligde website. Het is niet te controleren of door de app een beveiligde verbinding wordt gebruikt.

Beveilig uw apparaat

Maak altijd gebruik van een (afbeeldings)wachtwoord of pin voor de beveiliging van uw tablet. Mocht het apparaat onverhoopt in verkeerde handen vallen, dan moet de dief de beveiliging kraken voordat hij bij uw gegevens kan.

Gebruik betrouwbare bronnen

Bij het downloaden van items – bestanden, maar ook apps – is het belangrijk dat u betrouwbare bronnen gebruikt. Zo voorkomt u dat er schadelijke bestanden op uw tablet terechtkomen, die bijvoorbeeld proberen privacygevoelige informatie te achterhalen. Wees terughoudend bij het downloaden van onbekende bronnen.
Hetzelfde geldt voor apps: u loopt een kleiner risico malware binnen te halen als u alleen apps uit de officiële appstores downloadt. Al is de controle bij Apple strenger dan bij Google.

Verantwoord met apps

Wilt u op uw Android-tablet de kans op malafide apps verkleinen? Controleer de permissies die de apps nodig heeft om te kunnen functioneren op uw tablet. Zo heeft een app waarmee u navigeert toestemming nodig om de locatie op te vragen. Voordat u een app binnenhaalt, controleert u welke permissies er nodig zijn. Kiest u een complexe app, dan is een rij permissies gerechtvaardigd. Kiest u een eenvoudige app (bijvoorbeeld een spelletje), dan is het vreemd als er bijvoorbeeld om uw locatie of toegang tot het adresboek wordt gevraagd.
Heeft u een iPad? Dan kunt u niet voor het downloaden zien welke permissies er zijn, maar u kunt wel per app de toegang tot bepaalde delen van de tablet ontzeggen. Daardoor heeft de app minder vrijheid (en functioneert hij mogelijk minder goed). Bij twijfel: download de app niet of verwijder hem van de tablet.

Up-to-date

In besturingssystemen en apps worden regelmatig beveiligingsproblemen ontdekt. De makers van het platform

zorgen er in de regel voor dat deze zo snel mogelijk worden verholpen met behulp van een update. Zorg ervoor dat zowel het besturingssysteem als de apps altijd up-to-date zijn en stel het bijwerken van software niet uit.
Een uitzondering op de regel zijn grote systeemupdates (bijvoorbeeld van iOS 6 naar iOS 7, of van Android 4.2 naar Android 5.0). Daarbij is het verstandig even te wachten. Als er na een maand geen noemenswaardige problemen zijn of er een tussenversie is uitgebracht, maakt u de overstap (zie par. 4.1e, iOS, en par. 4.2d, Android, voor meer informatie over het installeren van de nieuwste versies).

Tip

Fabrieksinstellingen
Besluit u uw tablet te verkopen? Zorg dan dat al uw persoonlijke gegevens worden verwijderd. Gebruikt u iOS? Kies *Instellingen, Algemeen, Stel opnieuw in*. Tik op *Wis alle inhoud en instellingen*. Gebruikt u een Android-tablet? Tik op *Instellingen* en tik op *Back-up maken en terugzetten*. Tik op *Standaardgegevens herstellen*. Uw data worden gewist en de tablet keert terug naar de oorspronkelijke fabrieksinstellingen.

Tip

Online Privacy
Meer informatie over het beschermen van uw gegevens vindt u in het boek *Online Privacy* van de Consumentenbond (consumentenbond.nl/onlineprivacy)

10.2 iOS

10.2a Privacy

Op de iPad kunt u de privacy-instellingen aanpassen. Tik op *Instellingen* en ga naar *Privacy*. U heeft nu de keuze uit de volgende opties:

- *Locatievoorzieningen*: locaties van onder andere wifi-hotspots worden gebruikt om uw locatie bij benadering te bepalen. Deze optie staat standaard aan.
- *Contacten*: hier vindt u een overzicht van apps die toegang hebben gevraagd tot de gegevens van uw contacten.
- *Agenda's*: hier staan de apps die toegang hebben gevraagd tot de informatie uit de Agenda-app.
- *Herinneringen*: hier vindt u apps die toegang willen tot uw herinneringen.
- *Foto's*: hier staat een overzicht van apps die toegang hebben gevraagd tot uw foto's.
- *Delen via Bluetooth*: hier vindt u apps die gegevens willen delen via bluetooth.
- De privacy-opties voor los geïnstalleerde apps vindt u ook terug in dit venster. Deze staan onder de algemene privacy-instellingen. Tik op de naam van de app om de bijbehorende instellingen aan te passen. Wat u precies kun instellen, is afhankelijk van de app.

Instellen per app

U kunt per app instellen of die toegang krijgt tot bepaalde gegevens. We nemen hier de locatievoorzieningen als voorbeeld, de andere opties werken vergelijkbaar.

iOS

1 Ga naar *Instellingen, Privacy, Locatievoorzieningen*.

2 Als u de locatievoorzieningen helemaal niet wilt gebruiken, zet u de schuif erachter op 'uit'.

3 De apps die toegang vragen tot locatievoorzieningen staan hier op een rijtje. U kunt per app bepalen of deze de locatievoorzieningen mag gebruiken.

4 Als een app de locatie in de afgelopen 24 uur heeft gebruikt, staat er een grijs symbool achter.

5 Wanneer een app gebruik maakt van *geofencing* ziet u op deze plek een omlijnd symbool.

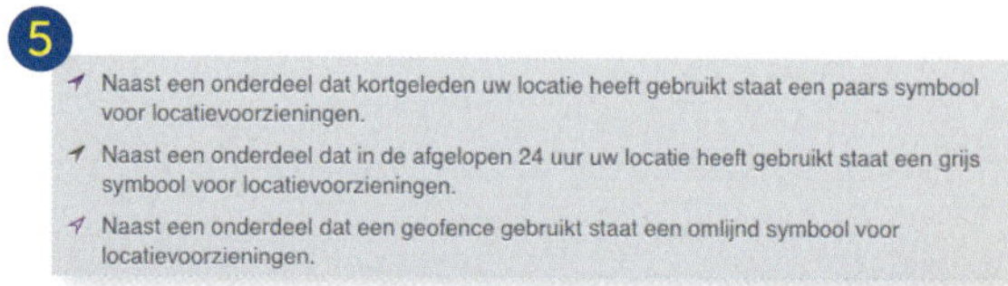

Tip

Duidelijkheid voor alles

Als uw locatie wordt opgevraagd, gebeurt dit meestal ongemerkt. Maar u kunt de instellingen zo aanpassen dat u hier een melding van krijgt. Als u onderstaande stappen volgt, verschijnt in het vervolg een pictogram in de statusbalk als een app uw locatie opvraagt.

1. Tik op *Instellingen*, ga naar *Privacy* en vervolgens naar *Locatievoorzieningen*.
2. Tik hier op *Systeem*.
3. Zet de schuif op 'aan' bij de optie *Statusbalksymbool*.

iOS

1 Tik op *Instellingen* en kies *Algemeen*.

2 Tik op *Automatisch slot* en geef aan na hoeveel tijd de iPad automatisch moet vergrendelen.

3 Ga terug naar *Algemeen* en kies voor *Codeslot*. Dit staat standaard uitgeschakeld.

10.2b Beveiligen

Hoewel de iPad standaard zo is ingesteld dat hij nooit vergrendeld wordt, ondersteunt hij wel een pincode om het apparaat te beveiligen.

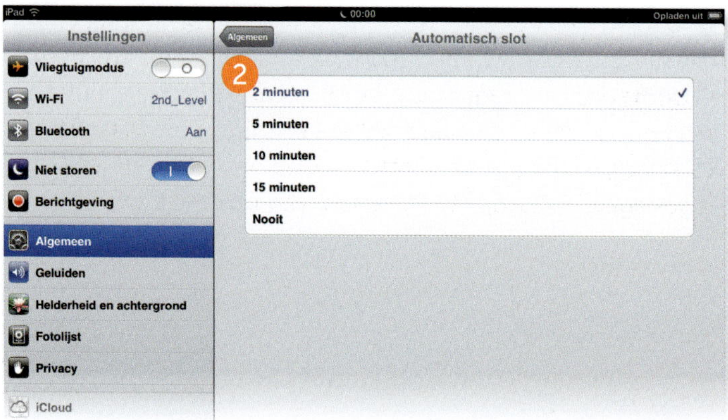

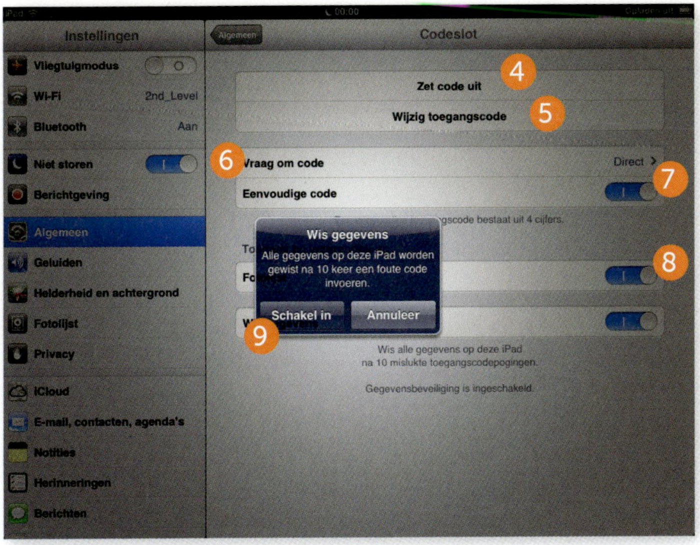

10.2c Een back-up maken

Back-up via iCloud

Apple biedt met iCloud een dienst waarmee u uw gegevens en instellingen veilig online kunt bewaren. Als u gegevens opslaat via iCloud hebben al uw iOS-apparaten toegang tot deze gegevens. Standaard krijgt u 5 GB gratis opslagruimte. Heeft u behoefte aan meer opslagruimte, dan kunt u die bijkopen.
Als u over de 5 GB zit, kunt u er ook voor kiezen een deel van uw data op te slaan, bijvoorbeeld alleen uw adresboek en documenten, zodat u onder de 5 GB blijft. Het is belangrijk dat u de reservekopiefunctie van iCloud inschakelt. Alleen dan weet u zeker dat uw bestanden veilig worden opgeslagen. U kunt iCloud eenvoudig inschakelen.

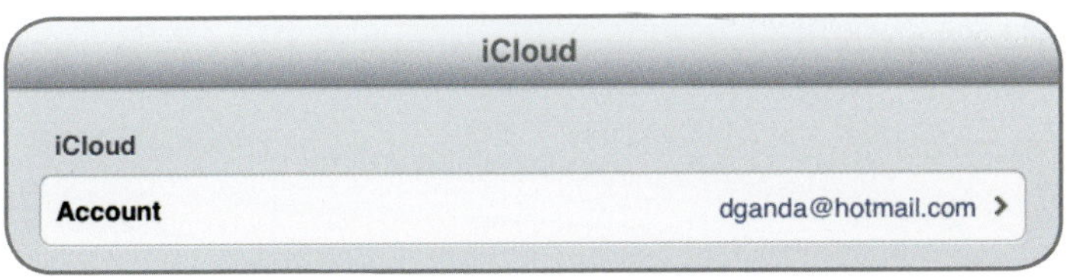

4 Tik op *Zet code aan* (als u al een code heeft ingeschakeld staat hier: *Zet code uit*).

5 U kunt nu de toegangscode wijzigen.

6 Stel in na hoeveel minuten de iPad om uw code moet vragen als u het apparaat enige tijd niet heeft gebruikt. Dat kan direct zijn, maar ook bijvoorbeeld na 4 uur.

7 Als u de eenvoudige code (4 cijfers) niet voldoende vindt, zet u de schuif achter *Eenvoudige code* op 'uit'. U kunt dan een langere toegangscode opgeven, die bovendien niet alleen uit cijfers hoeft te bestaan. Zo kunt u een wachtwoord instellen.

8 Geef de iPad al dan niet toestemming om de fotolijst te openen als het apparaat is vergrendeld.

9 Stel in of u wilt dat alle gegevens op de iPad worden gewist als tien keer de foute code is ingevoerd.

iOS

1 Ga naar *Instellingen* en kies *iCloud*.

2 Hier ziet u de onderdelen die u kunt synchroniseren met iCloud. Bepaal per onderdeel of het moet worden meegenomen in de back-up.

3 Tik op *Opslag en reservekopie*.

4 Hier kunt u zien wat de status van de iCloud-opslag is.

5 Via *Beheer opslag* kunt u zien welke back-ups er zijn opgeslagen en welke apps gebruikmaken van iCloud.

6 Als u meer opslagruimte wilt kopen, tikt u op *Wijzig opslagabonnement*. Er zijn abonnementen beschikbaar van 10, 20 en 50 GB.

7 Zet de schuif achter *iCloud-reservekopie* op 'aan'. iCloud maakt voortaan een reservekopie van uw filmrol, accounts, documenten en instellingen. Uw iPad moet daarvoor wel zijn aangesloten op het lichtnet, vergrendeld zijn en verbinding hebben met wifi.

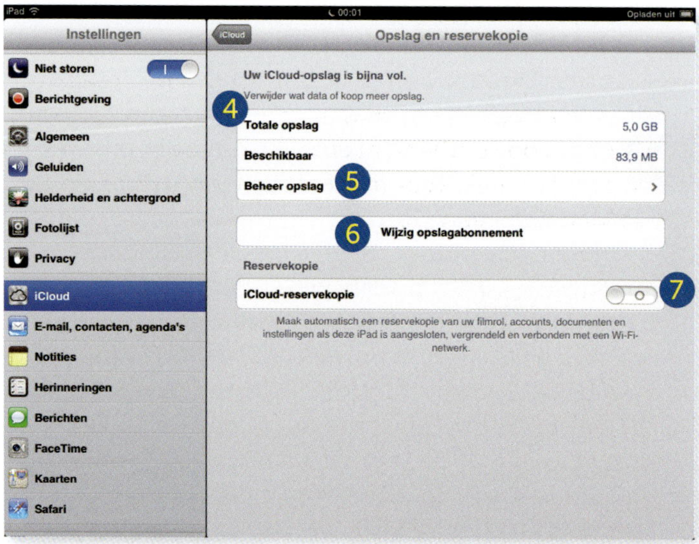

Back-up via iTunes

U kunt ook back-ups maken via iTunes. Elke keer dat u de tablet op de computer aansluit en via iTunes synchroniseert, wordt een back-up gemaakt. Met iTunes maakt u altijd een volledige reservekopie. De back-ups via iTunes zorgen er ook voor dat oude versies van apps in de back-up worden gewist. Ze worden hierbij vervangen door de nieuwste versie. Dit kan problemen geven als u een oudere iPad heeft, die niet de laatste versie van iOS kan gebruiken. Zolang u nooit een systeemback-up terugzet, blijven alle apps op uw iPad functioneren. Als u het hele systeem terugzet, kunnen sommige apps niet meer worden teruggezet. Dit kan ook gebeuren bij apps waarvoor u heeft betaald.

10.2d De tablet terugvinden

De functie *Zoek mijn iPad* kan u een hoop leed besparen in geval van verlies of diefstal. Het principe is even eenvoudig als effectief: verliest u onverhoopt uw iPad, dan kunt u de locatie ervan bij benadering opvragen. Met behulp van een kaart kunt u zien waar de iPad zich bevindt. Bovendien kunt u de iPad op afstand vergrendelen of wissen. U dient de dienst wel op voorhand in te schakelen. *Zoek mijn iPad* maakt deel uit van iCloud, dat moet actief zijn op uw tablet om de functie te gebruiken.

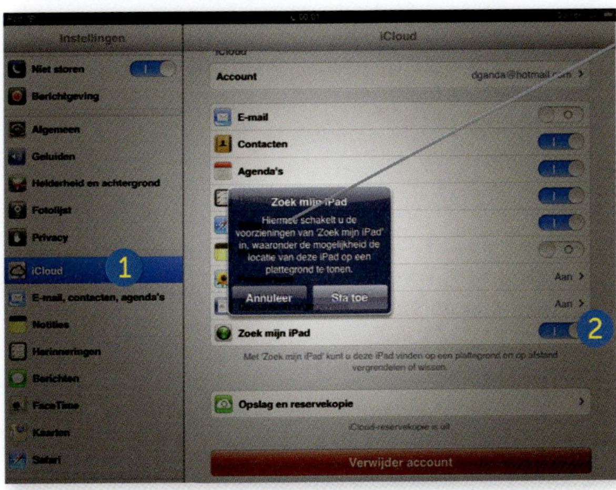

iOS

1. Tik op *Instellingen* en ga naar *iCloud*.

2. Zet de schuif achter *Zoek mijn iPad* op 'aan'.

Uw iPad opsporen

Bent u uw iPad kwijt? Om hem te kunnen vinden moet de iPad ingeschakeld zijn en online zijn via wifi of 3G (stap 1 t/m 3).

iOS

1. Open een browser en ga naar https://www.icloud.com/#find.

2. Meld u aan met de gegevens van uw Apple ID.

3. Kies voor *Zoek mijn iPhone*. Op de getoonde kaart wordt aangegeven waar de iPad zich bevindt (en alle andere iOS-apparaten die u heeft). U kunt op de kaart inzoomen voor meer detail.

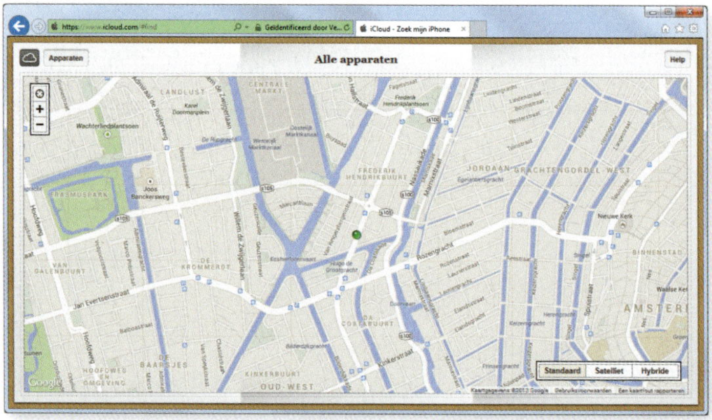

Meer acties

Is de iPad eenmaal gelokaliseerd, dan kunt u aanvullende acties uitvoeren:

- Klik op *Speel geluid af* als u een geluidssignaal wilt afspelen op de iPad.
- Kies voor de *Verloren-modus*, als u het apparaat wilt vergrendelen en een bericht wilt sturen met uw telefoonnummer om contact op te nemen.
- Met de knop *Wis iPad* kunt u het apparaat op afstand wissen. Hiermee voorkomt u dat uw gegevens in verkeerde handen vallen. Bedenk wel dat u hiermee ook het contact met de iPad verliest.

Tip

Zoek mijn iPhone

Apple heeft ook een app waarmee u snel al uw iOS-apparaten kunt vinden. Als u Zoek mijn iPhone heeft geopend, geeft het scherm *Mijn apparaten* aan welke apparaten u heeft en welke kunnen worden gevonden. Tik op de iPad. Een kaart wordt geopend en de iPad wordt op de kaart zichtbaar gemaakt. U kunt Zoek mijn iPhone downloaden in de App Store.

10.2e Kindvriendelijke tablet

Apple heeft een aantal opties ingebouwd, waarmee u de tablet kindvriendelijker maakt. Zo kunt u de toegang tot bepaalde apps en aankopen in apps beperken.

Beperkingen instellen

U kunt bij de instellingen bepalen tot welke onderdelen de toegang vrij is en aan welke onderdelen beperkingen zijn verbonden.

iOS

1 Tik op *Instellingen*, ga naar *Algemeen* en kies *Beperkingen*.

2 Tik op *Schakel beperkingen in*, hierna wordt een pincode gevraagd. Die voorkomt dat uw instellingen door anderen kunnen worden aangepast.

3 In de lijst *Sta toe* kunt u per app bepalen of deze gebruikt mag worden. Mag een app niet worden uitgevoerd? Zet de schuif dan op 'uit'.

4 In de sectie *Sta wijzigingen toe* bepaalt u voor belangrijke onderdelen van iOS of deze mogen worden aangepast.

5 Onder *Toegestaan materiaal* (zie afbeelding bij 'Aankopen beperken') kunt u per type content bepalen of deze wel of niet mag worden uitgevoerd. Wilt u bijvoorbeeld niet dat er films worden bekeken, tik dan op *Films* en kies voor *Sta geen films toe*.

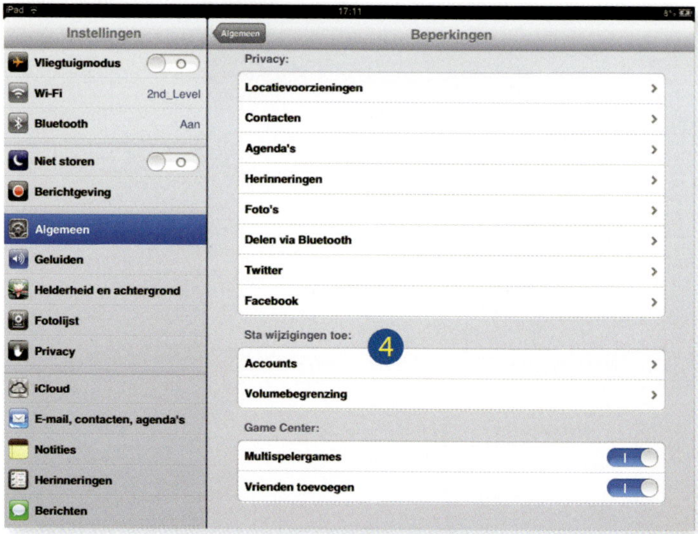

Tip

Geen wifi

Een simpele manier om te voorkomen dat uw (kleine) kinderen internet op gaan met de iPad, is door de vliegtuigmodus te activeren. Hierbij wordt alle communicatie – waaronder wifi – uitgeschakeld. Uw kind kan dan alleen gebruikmaken van lokale opties en apps.

In-app aankopen

Het meeste geld dat in apps omgaat, wordt verdiend door in-app inkopen: extra onderdelen die u in apps aan kunt schaffen. Zo kunt u boeken kopen, maar ook extra onderdelen voor een game.

Aankopen beperken

Als uw kinderen een spelletje doen en continu nieuwe onderdelen kopen, kan dat flink in de papieren lopen. Het is daarom handig uw instellingen zo aan te passen ze niet zonder uw toestemming dit soort aankopen kunnen doen.

iOS

1 Ga naar *Instellingen*, tik op *Algemeen* en kies voor *Beperkingen*.

2 Zet de schuif bij de optie *Kopen vanuit apps* op 'aan'.

Tip

Wachtwoord vereist

U kunt een wachtwoord instellen waarnaar wordt gevraagd als de gebruiker van de iPad, bijvoorbeeld uw kind, specifieke content bekijkt of een app wil gebruiken. In de sectie *Toegestaan materiaal* zet u de schuif achter *Vereis wachtwoord* op 'aan'.

Restitutie van in-app aankopen

Komt u tot de onaangename conclusie dat uw kind zonder toestemming in-app aankopen heeft gedaan en wordt u opgezadeld met een torenhoge rekening? Sinds kort kunt u bij Apple in aanmerking komen voor een restitutie van het bedrag. U maakt melding van het incident bij Apple Support, waarna uw melding wordt afgehandeld. Er gelden hiervoor een aantal voorwaarden:

- Het bedrag moet hoger zijn dan $5.
- U moet aantonen dat de aankopen zijn gedaan door het kind en dat het kind niet in bezit is van het iTunes-wachtwoord van de ouders.
- U krijgt het bedrag retour als iTunes-tegoed, maar als er meer dan $30 is uitgegeven krijgt u het geld contant.

Android

1 Tik op *Instellingen*, kies voor *Locatieservices*.

2 Zet het vinkje achter *Draadloze netwerken gebruiken* uit als u niet wilt dat wifinetwerken worden gebruikt om uw locatie te bepalen.

3 Haal het vinkje weg bij de optie *GPS-satellieten gebruiken*; nu is locatiebepaling via gps uitgeschakeld.

4 Wilt u ook niet dat Google uw locatiegegevens gebruikt bij het samenstellen van zoekresultaten? Haal het vinkje weg bij de optie *Locatie en Google zoeken*.

10.3 Android

10.3a Privacy

Op uw Android-tablet kunt u niet per app bepalen welke gegevens deze wel of niet mag gebruiken, zoals bij de iPad wel kan. U kunt wel in de Google Play Store vóór het downloaden zien tot welke gegevens een app toegang wil krijgen. Op basis van die informatie kunt u besluiten een app al dan niet te downloaden.
De locatieservices kunt u op de Android-tablet wel uitschakelen. De tablet kan de locatie dan niet gebruiken en apps hebben geen toegang tot uw locatie.

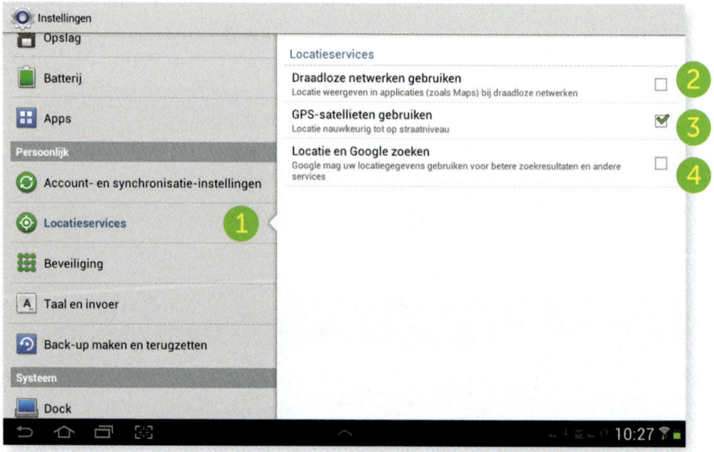

10.3b Beveiligen

Uw Android-tablet biedt verschillende opties om de toegang tot het apparaat te beveiligen. Laat u de tablet onverhoopt ergens liggen of wordt deze gestolen, dan weet u zeker dat uw gegevens niet eenvoudig toegankelijk zijn. U kunt de beveiliging instellen via *Instellingen, Beveiliging* (in de sectie *Persoonlijk*). In de sectie *Schermvergrendeling* kunt u kiezen uit verschillende opties om uw tablet te beveiligen:

- *Vegen*: dit is eigenlijk geen echte beveiliging; door een simpele veegbeweging heeft u toegang tot de tablet.

- *Patroon*: u maakt een patroon aan (een specifieke beweging in de juiste volgorde) om uw tablet te ontgrendelen.
- *PIN-code*: geef een viercijferige pincode op om de tablet te ontgrendelen.
- *Wachtwoord*: u geeft een wachtwoord op, bestaande uit letters en cijfers, om de tablet te ontgrendelen.
- *Face Unlock*: met deze optie kunt u via gezichtsherkenning uw tablet ver- en ontgrendelen. Deze functionaliteit is niet op alle tablets aanwezig.

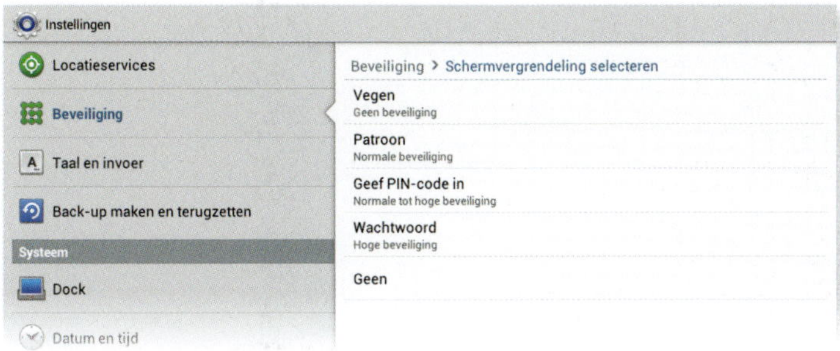

Tip

Toch de belangrijkste informatie

Ook als de tablet vergrendeld is, kunt u naar het overzicht van recente meldingen. Het is dan niet nodig om de tablet te ontgrendelen. U krijgt dus snel en eenvoudig een overzicht.

Extra opties

In de sectie *Schermbeveiliging* vindt u extra opties om de tablet te beveiligen.

- *Met veegvergrendeling*: hiermee wordt een eenvoudig vergrendelscherm getoond, dat u naar boven schuift door uw vinger op het rondje met slot te plaatsen en een verticale beweging omhoog te maken. Pas daarna volgt de andere beveiliging, bijvoorbeeld het tekenen van een patroon.

- *Patroon zichtbaar maken*: dit maakt het werken met een patroon een stuk makkelijker, doordat het getekende patroon zichtbaar wordt.
- *Automatisch vergrendelen*: het scherm wordt automatisch vergrendeld nadat uw tablet wordt uitgeschakeld. U geeft zelf op na hoeveel tijd de automatische vergrendeling in werking moet treden. Hoe sneller vergrendeld, hoe veiliger.
- *Gegevens eigenaar*: geef hier uw persoonlijke gegevens op; deze worden getoond op het vergrendelscherm. Als u de tablet verliest, weet de vinder van wie de tablet is.

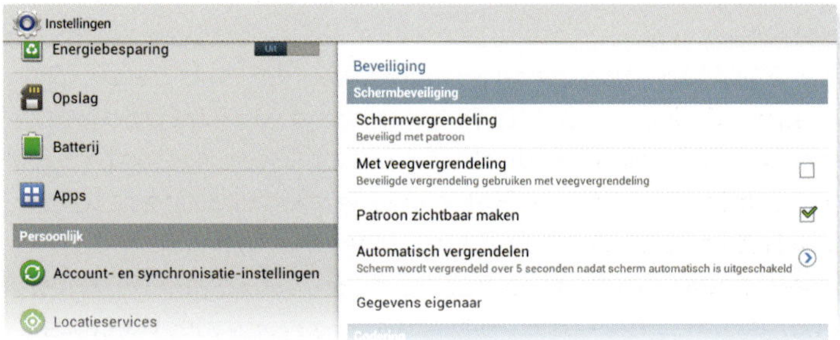

Tip

Voorzichtig met persoonlijke gegevens

De optie om uw contactinformatie op het vergrendelscherm te tonen, is interessant en kan de kans vergroten dat uw tablet terugkomt bij verlies. Wees echter terughoudend met het verstrekken van persoonlijke gegevens. Geef bijvoorbeeld alleen uw e-mailadres en telefoonnummer op en niet uw volledige adres.

10.3c Een back-up maken

Android-tablets hebben een ingebouwde back-upvoorziening. De reservekopie wordt, versleuteld en voorzien van een wachtwoord, opgeslagen op de servers van Google. Anderen (inclusief medewerkers van Google) hebben dus geen toegang tot uw persoonlijke data.

10.3d Gegevens versleutelen

Verlies van uw tablet betekent vaak niet alleen het verlies van het fysieke apparaat, maar ook het verlies van uw gegevens. Door de gegevens op de tablet te versleutelen, verkleint u de kans aanzienlijk dat uw data in verkeerde handen valt. Eenmaal versleuteld, kunnen kwaadwillenden niet meer bij uw gegevens. Het is belangrijk dat u zich realiseert dat het versleutelen van de informatie op uw tablet niet meer ongedaan kan worden gemaakt. De gegevens blijven hierna altijd versleuteld. Wilt u de gegevens niet meer versleuteld opslaan, dan is de enige optie om de tablet volledig te wissen en opnieuw te beginnen.

Tip

Even geduld

Reserveer de nodige tijd voor het versleutelen van uw tablet. Het proces kan tot anderhalf uur in beslag nemen, afhankelijk van de hoeveelheid gegevens die u heeft opgeslagen. In de tussentijd kunt u de tablet niet gebruiken.

Ontgrendelen

Als u de gegevens op uw tablet versleutelt, moet u elke keer dat u de tablet inschakelt het wachtwoord opgeven om de gegevens te decoderen. Houd daar rekening mee.

Android

1 Tik op *Instellingen* en kies *Back-up maken en terugzetten*. U vindt deze optie in de sectie *Persoonlijk*.

2 Kies voor de optie *Back-up mijn gegevens*. De tablet houdt vervolgens een reservekopie bij van app-gegevens, wachtwoorden voor draadloze netwerken en wachtwoorden voor onlinediensten.

3 Kies voor *Automatisch herstellen* als u wilt dat de tablet automatisch wordt voorzien van uw gegevens als u deze opnieuw installeert. Uw gegevens worden dan in één keer gesynchroniseerd.

Het versleutelen van uw gegevens verloopt relatief eenvoudig.

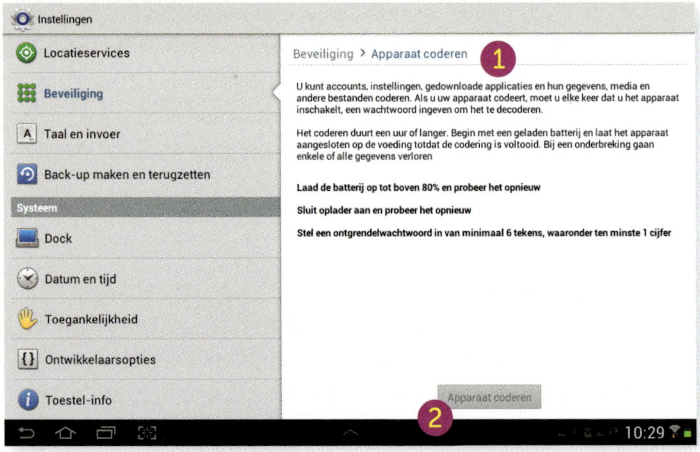

Android

1 Tik op *Instellingen* en kies *Beveiliging*. In het rechterdeel van het venster kiest u *Apparaat coderen*.

2 U moet een pincode of wachtwoord ingesteld hebben (zie par. 10.3b). Tik op *Apparaat coderen*.

3 Geef uw pincode of wachtwoord op en bevestig met een tik op *Doorgaan*.

4 Tik op *Apparaat coderen*. Uw gegevens worden versleuteld.

10.3e De tablet terugvinden

Bent u onverhoopt uw Android-tablet kwijtgeraakt of is hij gestolen, dan is het handig om te zien waar hij is. Sommige fabrikanten installeren een dergelijke app standaard op hun tablets. Anders kunt u gebruikmaken van de app Android Lost.

Android Lost heeft verschillende functies aan boord die u helpen om het toestel terug te vinden. Zo kunt u uw tablet op afstand uitschakelen of een nieuwe pincode geven. De dief heeft hierdoor moeite om de tablet te gebruiken. Als u een SD-geheugenkaart gebruikt, kunt u deze op afstand wissen en ook uw contactpersonen kunnen gewist worden. U kunt ook al uw andere gegevens wissen. Weet u zeker dat de tablet is gestolen? Gebruik de gps-functie om het toestel te vinden. U kunt bovendien de camera's van de tablet gebruiken om foto's van de omgeving te maken. Tot slot kunt u de microfoon van de tablet inschakelen, zodat u op afstand kunt meeluisteren.

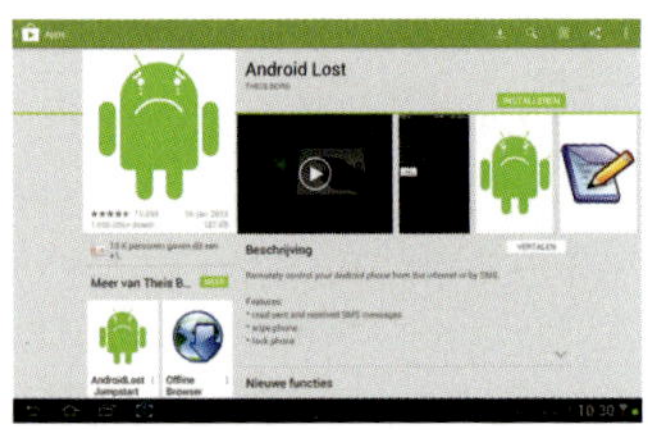

Android Lost

Geschikt voor: Android

Grootte: 0,1 MB

10.3f Kindvriendelijke tablet

Een van de belangrijkste stappen bij het kindvriendelijk maken van een tablet is het afschermen van uw instellingen en programma's. Uw kinderen mogen de tablet wel gebruiken, maar alleen met apps en data die u heeft goedgekeurd. Deze functionaliteit is niet standaard aanwezig in Android-tablets, maar er zijn wel goede apps voor beschikbaar.

Famigo Sandbox

Met Famigo Sandbox kunt u uw tablet heel eenvoudig geschikt maken voor kinderen. Famigo filtert de apps die op uw tablet staan en biedt toegang tot educatieve en kindvriendelijke apps en blokkeert andere apps. Bij het opstarten moet u de leeftijd van uw kind doorgeven en Famigo past het filter daarop aan. U kunt de app 7 dagen gratis proberen, daarna moet u Famigo aanschaffen (€3,83).

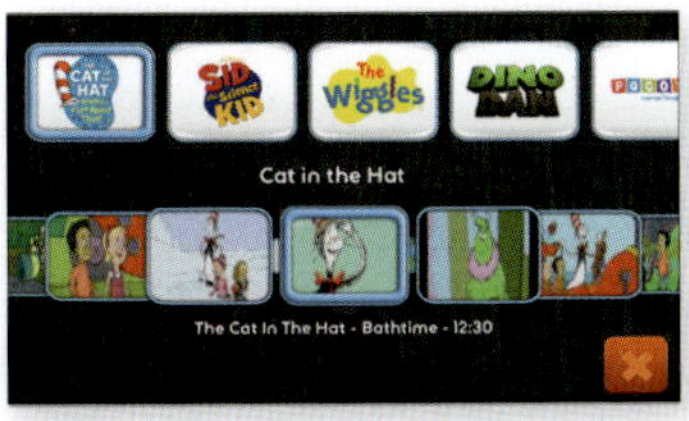

Famigo Sandbox

Geschikt voor:
iOS, Android
Grootte:
48,9 MB, 20 MB

Meer controle over de apps

Voorkom dat er zonder uw toestemming apps worden gekocht en gebruikt. U maakt hiervoor gebruik van de instellingen van de Google Play Store.

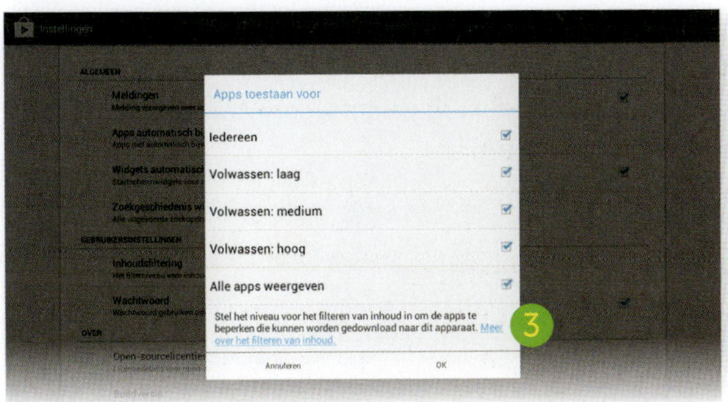

Android

1. Open de appstore en tik op *Opties*.
2. Kies voor *Instellingen*.
3. Activeer *Inhoudsfiltering* en bepaal voor wie de apps zijn toegestaan.
4. Stel ook een pincode in die moet worden opgegeven wanneer een app wordt gekocht.

Tip

APPLock
Met APPLock kunt u geïnstalleerde apps beveiligen met een pincode of patroon. U bepaalt zo zelf welke apps kinderen kunnen openen.

Ranger Pro

Geschikt voor:
iOS, Android
Grootte:
3,2 MB, 2,1 MB

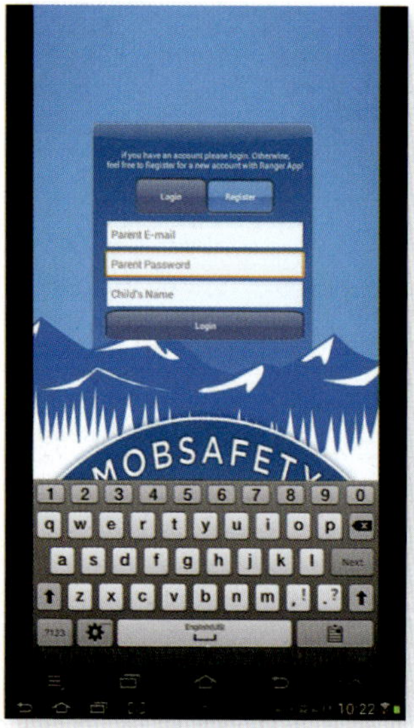

Gefilterd internetten

Mogelijk wilt u niet dat uw kinderen naar elke willekeurige website kunnen surfen. U kunt dit instellen met de app Ranger Pro Safe Browser. Deze browser maakt gebruik van een filtersysteem. Op basis van *blacklists* en *whitelists* kunt u instellen welke websites al dan niet bezocht mogen worden. U kunt als ouder de browsergeschiedenis raadplegen en aangeven op welke tijden de kinderen gebruik mogen maken van internet.

Tip

Meerdere gebruikersaccounts
Vanaf Android 4.2 (Jelly Bean) is het mogelijk verschillende gebruikersaccounts te maken. Elke account beschikt over een eigen set instellingen en programma's. U kunt dus voor uzelf een account maken, maar ook één voor uw kinderen. De gebruikersaccount van uw kinderen voorziet u van kindvriendelijke apps en documenten. Het instellen van accounts is eenvoudig. Ga naar *Instellingen* en tik op *Gebruikers*. Volg de stappen van de wizard.

11

LANGER PLEZIER VAN DE TABLET

Met slimme tips en trucs beleeft u nog meer plezier aan uw tablet. Of het nu gaat om batterijbesparing of sneller werken: in dit hoofdstuk vindt u een selectie van handigheidjes.

11.1 Energie besparen

Het uithoudingsvermogen van de accu in tablets is voor velen een heikel punt. Bij intensief gebruik kan de accu het al na een dag opgeven. En dat is best vervelend, bijvoorbeeld wanneer u onderweg bent en niet de mogelijkheid heeft om de accu snel op te laden. Er is een aantal slimme trucs om de gebruiksduur van de accu te verlengen.

11.1a Antennes

Schakel een mobiele dataverbinding, gps, bluetooth en wifi uit als u deze niet gebruikt. Antennes gebruiken veel energie en dat is zonde als u ze niet nodig heeft.

iOS

1. Tik op *Instellingen* en kies *WiFi*, zet de schuif op 'uit'.
2. Ga naar *Bluetooth* en zet de schuif op 'uit'.
3. Wilt u in een keer alle antennes uitschakelen, schakel dan de vliegtuigmodus in.

iOS

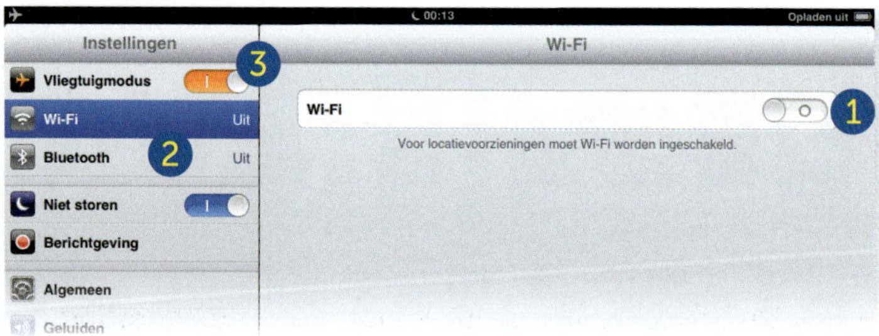

Android

1. Ga naar *Instellingen, Draadloos en netwerk*.
2. Zet de schuif achter *Wi-Fi* op 'uit'.
3. Zet de schuif achter *Bluetooth* op 'uit'.
4. Tik op *Meer...* en zet hier een vinkje achter *Vliegtuigstand* om alle antennes in een keer uit te schakelen.

Android

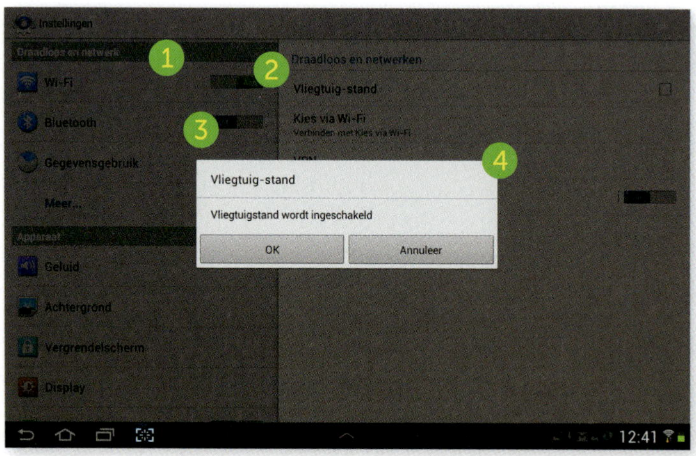

11.1b Push-mail

Als er constant gecontroleerd wordt op nieuwe mail, vraagt dat meer van de accu dan wanneer er bijvoorbeeld eens per 15 minuten wordt gecontroleerd. U kunt dus overwegen push-mail uit te schakelen en minder regelmatig op nieuwe mail te controleren (zie par. 5.1a, iOS, en 5.2a, Android).

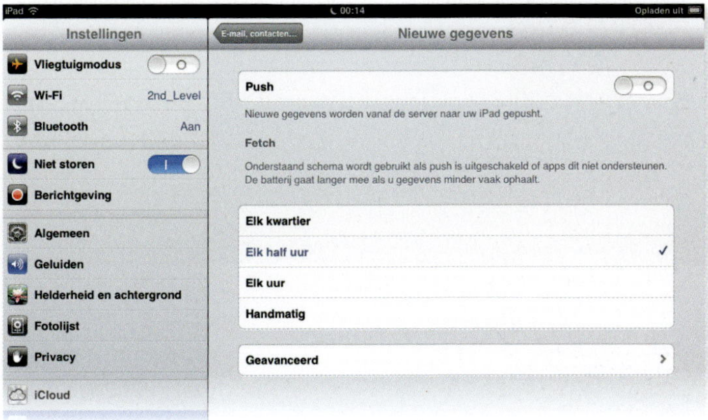

11.1c Helderheid van het scherm

Hoe feller het scherm, hoe meer energie wordt verbruikt. Overweeg om de schermhelderheid aan te passen en minder energie te gebruiken. U kunt ook het scherm sneller uitschakelen bij inactiviteit.

iOS

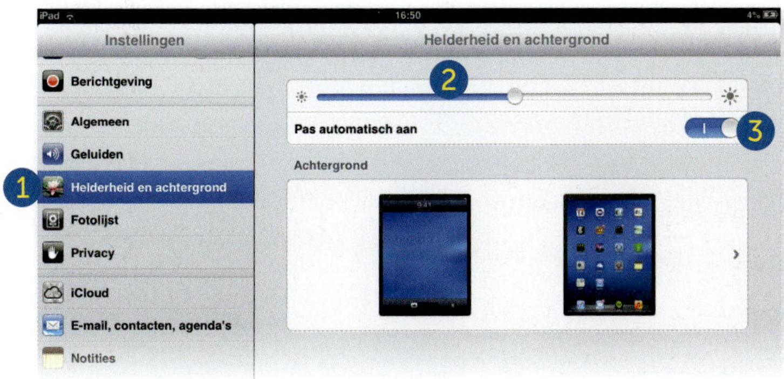

iOS

1. Tik op *Instellingen* en kies *Helderheid en achtergrond.*
2. Verplaats de schuif naar links om de helderheid terug te brengen.
3. Wilt u de schermhelderheid constant houden, zet dan de schuif achter *Pas automatisch aan* op 'aan'.

Android

1 Ga naar *Instellingen*, tik op *Display* en kies *Helderheid*.

2 Gebruik de schuif om de helderheid te verlagen.

3 Wilt u niet dat de schermhelderheid automatisch wordt aangepast, dan schakelt u de optie *Helderheid automatisch* uit.

4 Ga terug naar *Display* en ga naar *Time out scherm*. Geef daar aan na hoeveel tijd het scherm moet worden uitgeschakeld bij inactiviteit.

Android

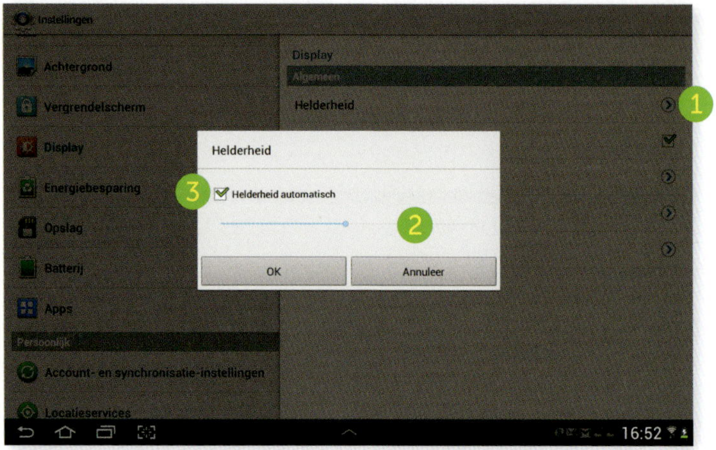

11.2 iOS

11.2a Gegevensverbruik opvragen

Op de iPad kunt u niet eenvoudig zien hoeveel data u al heeft verbruikt. Als u een data-abonnement heeft afgesloten, is deze informatie wel nuttig. U wilt immers de limiet niet overschrijden. Hiervoor zijn verschillende apps beschikbaar, die uw dataverbruik bijhouden. U kunt zelf aangeven wat uw datalimiet is en krijgt een melding als u daar overheen dreigt te gaan. Een simpele, gratis app is My Data Manager, die is te downloaden in de App Store.

Opslagruimte

Uw iPad houdt bij hoeveel opslagruimte elke app in beslag neemt. Dit kunt u eenvoudig nakijken. Is uw opslagruimte niet toereikend, sla dan (een deel van) uw data op via iCloud (zie par. 10.2c).

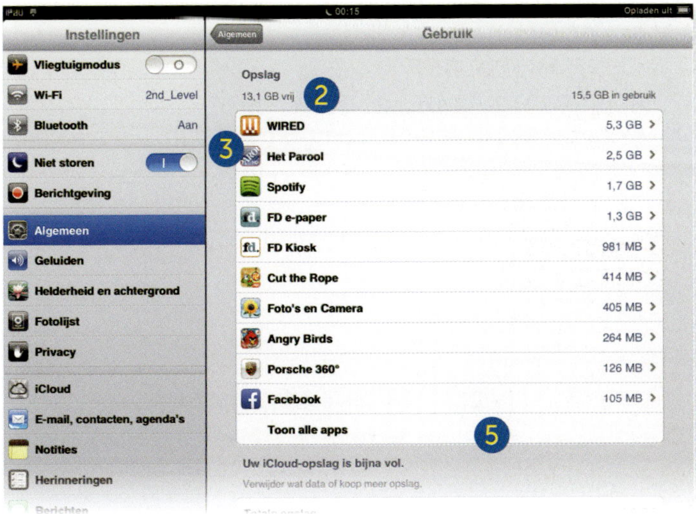

11.2b Batterijstatus opvragen

Wilt u snel zien hoeveel energie de batterij in uw tablet nog overheeft? Dit kunt u snel opvragen:

iOS

1 Ga naar *Instellingen*, kies *Algemeen* en tik op *Gebruik*.

2 Hier ziet u hoeveel opslagruimte in gebruik is en hoeveel er nog vrij is.

3 Ook ziet u een overzicht van alle apps en de hoeveelheid ruimte die zij in beslag nemen.

4 Tik op een app om details te zien. Via het detailscherm kunt u de app ook wissen.

5 Tik op *Toon alle apps* om een totaaloverzicht op te vragen.

iOS

1 Tik op *Instellingen*, ga naar *Algemeen* en tik op *Gebruik*.

2 Zet de schuif achter *Batterijpercentage* aan.

3 Het percentage wordt getoond in de statusbalk boven in het scherm.

Android

1 Tik op *Instellingen* en kies *Batterij* (in de categorie *Apparaat*).

2 U krijgt een overzicht van apps die gebruikmaken van de batterij. Hoe meer energie een app gebruikt, hoe hoger hij in de lijst staat. U kunt vervolgens afwegen of elke app het energieverbruik waard is.

3 Tik op een app om aanvullende informatie over het energieverbruik te bekijken.

4 Boven in het scherm vindt u een grafiek die het energieverbruik in de tijd toont. Hierbij geeft de groene streep onder de grafiek de oplaadmomenten aan. De blauwe streep geeft aan wanneer de tablet werd gebruikt. Tik op de grafiek om aanvullende informatie over het gebruik op te vragen.

11.3 Android

11.3a Inzicht in energiegebruik

Op uw Android-tablet kunt u nauwkeurig bijhouden welke apps de meeste energie verbruiken. Loopt de batterij snel leeg en vermoedt u dat een bepaalde app de boosdoener is, dan kunt u dit relatief eenvoudig achterhalen.

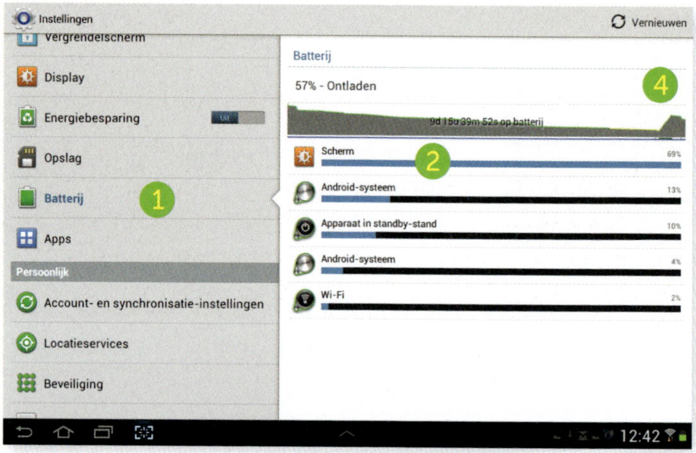

11.3b Gegevensverbruik opvragen

Uw Android-tablet houdt bij hoeveel gegevens u heeft verbruikt. U vindt deze informatie in het onderdeel *Instellingen* onder *Gegevensverbruik*. Een grafiek toont het verbruik binnen een periode. Scroll naar beneden om per app het verbruik te zien. Zo ziet u bijvoorbeeld hoeveel data YouTube heeft verbruikt. Tik op een app om de details op te vragen. Ook hier laat een grafiek zien hoeveel data zijn verbruikt in een bepaalde periode.

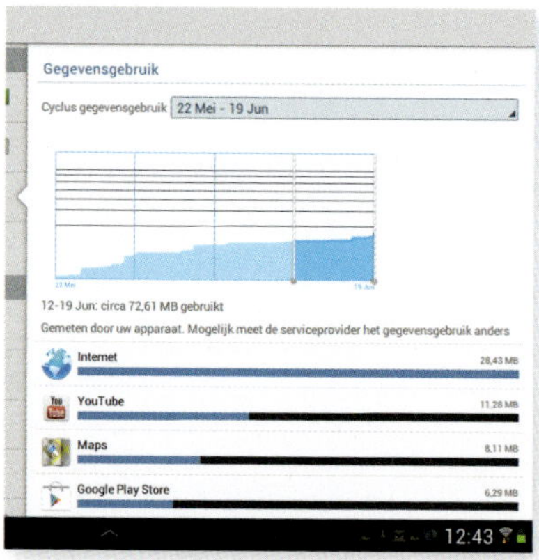

11.3c Batterijstatus opvragen

U kunt eenvoudig nagaan hoeveel vermogen uw batterij nog over heeft.

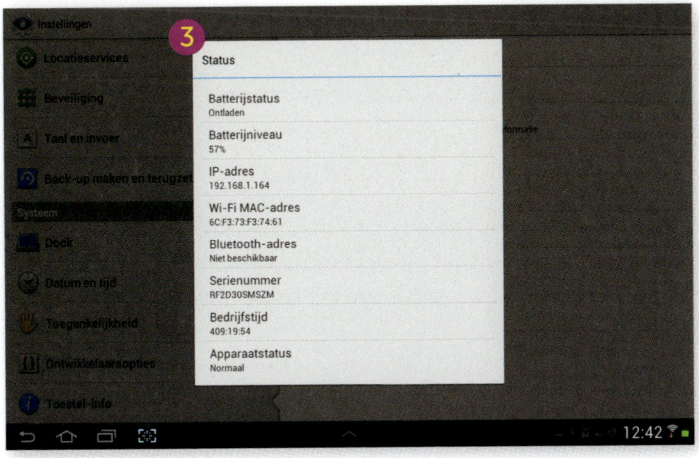

Android

1 Ga naar *Instellingen, Systeem* en kies voor *Toestel-info*.

2 Tik op *Status*.

3 Lees af hoeveel procent van de totale capaciteit beschikbaar is. Dit percentage is een indicatie van de werkelijke hoeveelheid energie.

Drie handige apps om direct gratis te downloaden!

Beste Koop 2.0

1500 producten in je broekzak

Op zoek naar een autozitje, friteuse of draadloze router? Met de *Beste Koop-App 2.0* heb je direct toegang tot de laatste testinformatie. Je kunt maar liefst 21 productgroepen bekijken. Beschikbaar voor iOS en Android.

consumentenbond.nl/bestekoopapp

CB Kiosk

Alle Consumentenbondbladen en -boeken bij de hand

Digitaalgids, Consumentengids, Miss Perfect, Beste koop voor je kind, Reisgids, Gezondgids, Geldgids: je kunt ze allemaal lezen op je iPad of Android-tablet. Ook geeft *CB Kiosk* toegang tot alle e-books van de Consumentenbond.

consumentenbond.nl/cbkiosk

CB Auto

Alles over de aankoop van een occasion

Waar moet je op letten bij het kopen van een tweedehandsauto? Deze iPad-app staat boordevol tips en informatie. *CB Auto* begeleidt je door alle fases, van oriënteren tot kiezen en kopen. Maar er is ook aandacht voor zaken als garantie en onderhoud.

consumentenbond.nl/cbauto

Consumentenbond

Verder lezen

Computer & internet

Alles over digitale fotografie
Alles over digitale video
Beeld & geluid in huis
De leukste gratis apps*
Foto's bewerken
Gratis online software
Langer plezier van je pc
Online Privacy*
PC-EHBO

Gezondheid & voeding

Bewegen & fit blijven*
Blijf gezond!*
Greep op de overgang
Hart & vaten gezond
Het juiste medicijn*
Het Keuzedieet
Het Keuzedieet 2
Minder kans op kanker
Veilig eten
Vrouw & gezondheid*
Zelf dokteren*

Geld & recht

101 Slimme geldtips*
Belastinggids 2013*
Belastingtips voor senioren*
De beste bespaartips*
Een goed pensioen*
Haal uw recht*
Het levenstestament*
Samenwonen*
Scheiden*
Slim nalaten en schenken*
Testament & overlijden*
Tips & toeslagen*
Uw recht bij geldzaken*

Diversen

1001 Reparaties in huis
Buitenonderhoud
Groen leven*
Vlekkengids
Water, elektriciteit & gas*

**ook verkrijgbaar als e-book*

Bestellen?

Leden van de Consumentenbond ontvangen korting op deze boeken. U bestelt ze eenvoudig in onze webwinkel op **www.consumentenbond.nl/webwinkel.** U kunt ook telefonisch bestellen via onze afdeling Service en Advies: **(070) 445 45 45.** Bent u lid? Houd dan uw lidmaatschapsnummer gereed. We zijn op werkdagen van 8 tot 20 uur bereikbaar (vrijdag van 8 tot 17.30 uur).

Uw lidmaatschap biedt meer dan u denkt!

- U ontvangt de **Consumentengids** of een van onze andere gidsen.
- Al onze uitgaven zijn 100% **onafhankelijk** en **advertentievrij.**
- U heeft 24 uur per dag toegang tot onze betrouwbare, **online-testinformatie** over meer dan 2000 producten en diensten.
- U kunt tot honderden euro's **besparen** op uw energierekening en zorgverzekering.
- U ontvangt 20-30% **korting** op boeken en extra gidsen van de Consumentenbond.
- U ontvangt van onze afdeling Service & Advies **gratis advies** over aankoop, service, garantie en — heel handig — uw rechten.
- U weet altijd wat de **Beste Koop** is en kunt gratis gebruikmaken van de **Beste Koop-App**.
- U ontvangt gratis de Consumentengids Auto, **Minigidsen** en diverse handige **apps.**
- U ontvangt wekelijks onze gratis **nieuwsbrief.**
- U kunt deelnemen aan **testpanels.**
- De Consumentenbond stelt samen met vele branches algemene **voorwaarden** op, waarbij rechten en plichten tweezijdig eerlijk worden vastgelegd.

Een compleet en actueel overzicht van uw lidmaatschap vindt u op **www.consumentenbond.nl/voordeel**

Contact

Service & Advies: (070) 445 45 45
Internet: www.consumentenbond.nl
Contactformulier: www.consumentenbond.nl/contact

Voorwaarden lidmaatschap en abonnement

Kijk op www.consumentenbond.nl/algemenevoorwaarden

Volg ons ook op

www.facebook.com/consumentenbond
www.youtube.com/consumentenbond
www.twitter.com/consumentenbond

Beste Koop-app

Consumentenbond